"十三五"国家重点图书出版规划项目

中国特色畜禽遗传资源保护与利用丛书

民 猪

何鑫淼 主编

中国农业出版社

北 京

图书在版编目（CIP）数据

民猪 / 何鑫淼主编 .—北京：中国农业出版社，
2020.1
（中国特色畜禽遗传资源保护与利用丛书）
国家出版基金项目
ISBN 978-7-109-26675-9

Ⅰ.①民…　Ⅱ.①何…　Ⅲ.①养猪学　Ⅳ.①S828

中国版本图书馆 CIP 数据核字（2020）第 041561 号

内容提要：民猪是东北地区唯一的国家级猪种资源保护品种，在中国社会经济史上具有极其重要的地位。本书以民猪为对象，通过文献调研，资料整理，从地理分布、资源禀赋、品种特性入手，追溯民猪的产生、演化和研究进展的历史脉络，从遗传育种、抗逆抗病、养殖技术、杂交利用、产业等方面，以突出民猪特点为主线进行阐述。希望本书的出版能够为民猪研究提供参考，为民猪产业发展提供助力，促进民猪保护与利用，让曾经辉煌的民猪产业再次熠熠生辉。

中国农业出版社出版
地址：北京市朝阳区麦子店街 18 号楼
邮编：100125
责任编辑：周锦玉　　文字编辑：耿韶磊
版式设计：杨　婧　　责任校对：刘丽香
印刷：北京通州皇家印刷厂
版次：2020 年 1 月第 1 版
印次：2020 年 1 月北京第 1 次印刷
发行：新华书店北京发行所
开本：720mm×960mm　1/16
印张：9.25　　插页：2
字数：163 千字
定价：68.00 元

丛书编委会

本书编写人员

主　编　何鑫淼

副主编　亓美玉　王文涛　刘　娣

编　者　何鑫淼　亓美玉　王文涛　刘　娣　冯艳忠
张海峰　吴赛辉　陈赫书　田　明　刘自广
夏继桥

审　稿　王希彪

出版说明

我国是世界上畜禽遗传资源最为丰富的国家之一。多样化的地理生态环境、长期的自然选择和人工选育，造就了众多体型外貌各异、经济性状各具特色的畜禽遗传资源。入选《中国畜禽遗传资源志》的地方畜禽品种达500多个、自主培育品种达100多个，保护、利用好我国畜禽遗传资源是一项伟大的事业。

国以农为本，农以种为先。习近平总书记高度重视种业的安全与发展问题，曾在多个场合反复强调，“要下决心把民族种业搞上去，抓紧培育具有自主知识产权的优良品种，从源头上保障国家粮食安全”。近年来，我国畜禽遗传资源保护与利用工作加快推进，成效斐然：完成了新中国成立以来第二次全国畜禽遗传资源调查；颁布实施了《中华人民共和国畜牧法》及配套规章；发布了国家级、省级畜禽遗传资源保护名录；资源保护条件能力建设不断提升，支持建设了一大批保种场、保护区和基因库；种质创制推陈出新，培育出一批生产性能优越、市场广泛认可的畜禽新品种和配套系，取得了显著的经济效益和社会效益，为畜牧业发展和农牧民脱贫增收作出了重要贡献。然而，目前我国系统、全面地介绍单一地方畜禽遗传资源的出版物极少，这与我国作为世界畜禽遗传资源大国的地位极不相称，不利于优良地方畜禽遗传资源的合理保护和科学开发利用，也不利于加快推进现代畜禽种业建设。

为普及对畜禽遗传资源保护与开发利用的技术指导，助力做大做强优势特色畜牧产业，抢占种质科技的战略制高点，在农业农村部种业管理司领导下，由全国畜牧总站策划、中国农业出版社出版了这套“中国特色畜禽遗传资源保护与利用丛书”。该丛书立足于全国畜禽遗传资源保护与利用工作的宏观布局，组织以国家畜禽遗传资源委员会专家、各地方畜禽品种保护与利用从业专家为主体的作者队伍，以每个畜禽品种作为独立分册，收集汇编了各品种在管、产、学、研、用等相关行业中积累形成的数据和资料，集中展现了畜禽遗传资源领域最新的科技知识、实践经验、技术进展与成果。该丛书覆盖面广、内容丰富、权威性高、实用性强，既可为加强畜禽遗传资源保护、促进资源开发利用、制定产业发展相关规划等提供科学依据，也可作为广大畜牧从业者、科研教学工作者的作业指导书和参考工具书，学术与实用价值兼备。

丛书编委会

2019 年 12 月

序言

我国是世界畜禽遗传资源大国，具有数量众多、各具特色的畜禽遗传资源。这些丰富的畜禽遗传资源是畜禽育种事业和畜牧业持续健康发展的物质基础，是国家食物安全和经济产业安全的重要保障。

随着经济社会的发展，人们对畜禽遗传资源认识的深入，特色畜禽遗传资源的保护与开发利用日益受到国家重视和全社会关注。切实做好畜禽遗传资源保护与利用，进一步发挥我国特色畜禽遗传资源在育种事业和畜牧业生产中的作用，还需要科学系统的技术支持。

“中国特色畜禽遗传资源保护与利用丛书”是一套系统总结、翔实阐述我国优良畜禽遗传资源的科技著作。丛书选取一批特性突出、研究深入、开发成效明显、对促进地方经济发展意义重大的地方畜禽品种和自主培育品种，以每个品种作为独立分册，系统全面地介绍了品种的历史渊源、特征特性、保种选育、营养需要、饲养管理、疫病防治、利用开发、品牌建设等内容，有些品种还附录了相关标准与技术规范、产业化开发模式等资料。丛书可为大专院校、科研单位和畜牧从业者提供有益学习和参考，对于进一步加强畜禽遗传资源保护，促进资源可持续利用，加快现代畜禽种业建设，助力特色畜牧业发展等都具有重要价值。

中国科学院院士
中国农业大学教授　吴常信

2019 年 12 月

前言

猪是我国驯化较早的家养动物之一，曾在家庭生活中占有重要地位。古人对“家”字的解释如下，上面是“宀”，表示与室家有关；下面是“豕”，即猪。古代生产力低下，人们多在房子里养猪，所以房子里有猪就成了人家的标志。

民猪，原称东北民猪，原产于东北和华北地区，是我国重要的地方猪品种，也是东北三省唯一的国家级猪种资源保护品种。1982年，北方猪种资源讨论会根据该猪种的来源和分布情况将其统称为民猪。1986年，民猪被列入《中国猪品种志》。2004年，民猪被列入农业部编写的《中国畜禽遗传资源名录》。2006年，被农业部列入《国家级畜禽遗传资源保护名录》。

根据民猪的体型大小和外貌结构，可将其分成3种类型，即大型民猪（又称大民猪）、中型民猪（又称二民猪）和小型民猪（又称荷包猪），现存的民猪主要是中型民猪。民猪具有繁殖能力强、抗逆性强和肉质优良的种质特性，尤其是肉质方面，肉色鲜红、肌间脂肪含量高、大理石花纹分布均匀、口感细嫩、多汁、肉味香浓，色、香、味俱佳。

民猪是我国宝贵的生物遗传资源，也是不可再生的稀缺资源，它曾经有过低谷，但必将重回高峰，带着其优良特性的光环、环境友好型的特质，满足人们对浓郁肉香的渴望和回忆。不忘初心、砥砺前行，上下求索中地方猪产业将成朝阳。

作者将其团队及同行们自20世纪60年代以来有关民猪的品种特征、保护利用、不同生长阶段的日粮营养、饲养管理、疾病防控，以及产业开发与利用等领域的研究和资料进行总结综述、编纂成册，以期为民猪的养殖者、大专院校及科研单位提供有益的参考，为民猪产业的进一步发展提供科技支撑。

本书得以编撰付梓，要感谢一直给予关怀和指导的盛志廉先生、陈润生先生、彭中镇先生、赵刚先生、王林云先生、张伟力先生，同时也要感谢在民猪产业中起到积极作用的各位科研人员和企业家们。

由于时间仓促、水平有限，本书难免会有疏漏和不足之处，希望广大读者多提宝贵意见！

编　者

2019年6月

目录

第一章 民猪品种起源与种质特性

第一节　民猪的分布与起源

一、民猪的分布

民猪（Min pig）原名东北民猪，是东北地区饲养最早、分布最广、数量最多的一个当家猪种，是东北一个古老的地方品种，属于我国华北型猪种，主要分布于辽宁、吉林和黑龙江三省，河北省和内蒙古自治区也有少量分布。由于在起源、外形和生产性能上相似，故 1982 年 8 月在山东兖州召开的中国北方猪种资源讨论会上确定统称为民猪，包括 3 个类型：大型民猪（大民猪）、中型民猪（二民猪）、小型民猪（荷包猪），是至今保留下来的我国华北型猪种中最主要的一个猪种。几十年前，由于市场需求的变化、外来品种引入、杂交等原因，大型民猪群体消失，中、小型民猪群体日渐减少，目前的民猪以中型民猪和小型民猪为主，中型民猪主要分布于黑龙江省和吉林省，中心产区为黑龙江省兰西县和吉林省长岭县、前郭县。辽宁省的部分地区（辽阳、朝阳）尚有少量的小型民猪。

二、东北地区的自然生态条件

1\. 地理位置　民猪分布区处于中国东北地区，地处欧亚大陆东缘，东临日本海，南接黄海、渤海，西、北两侧与蒙古高原、西伯利亚高原接壤。民猪分布地区在地理上，位于北纬 39°—530°、东经 115°—135°，面积约 1 236 000 km^2；在行政区划上包括辽宁、吉林、黑龙江三省和内蒙古自治区的呼伦贝尔市、通辽市、赤峰市、兴安盟辖区和河北承德市。通常意义所指的民猪分布地区是辽宁省、吉林省、黑龙江省及内蒙古自治区东部地区。

2. 气候特征与植被分布　东北地区作为我国纬度位置最高的区域，冬季寒冷。北面与北半球的“寒极”——维尔霍扬斯克-奥伊米亚康所在的东西伯利亚为邻，从北冰洋来的寒潮经常侵入，致使气温骤降。西面是海拔高达千米的蒙古高原，西伯利亚极地大陆气团也常以高屋建瓴之势，直袭东北地区。因而东北地区冬季气温较同纬度大陆低 10 ℃以上。东北面与素称“太平洋冰窖”的鄂霍次克海相距不远，春夏季节从这里发源的东北季风常沿黑龙江下游谷地进入东北，使东北地区夏温不高，北部及较高山地甚至无夏。

同时，东北地区是我国经度位置最偏东地区，并显著地向海洋突出。其南面临近渤海、黄海，东面临近日本海。从小笠原群岛（高压）发源，向西北伸展的一支东南季风，可以直奔东北。经华中、华北而来的变性很深的热带海洋气团，也可因经渤、黄海补充湿气后进入东北，给东北带来较多的雨量和较长的雨季。由于气温较低，蒸发微弱，降水量虽不十分丰富，但湿度仍较高，从而使得东北地区在气候上具有冷湿的特征。

由于地理位置和气候的综合作用，东北地区植被呈现明显的东北-西南方向分布特征，从南向北随着热量条件的变化，出现暖温带落叶阔叶林、温带针阔叶混交林、寒温带针叶林和草甸草原；随着湿度的变化，从东向西出现湿润地区、半湿润地区、半干旱地区，植被也相应地出现森林、森林草原和典型草原。广泛分布的冻土和沼泽等自然景观，都与温带湿润、半湿润大陆性季风气候有关。

3. 耕作条件与农产品　东北土质以黑土为主。南面是黄、渤二海，东和北面有鸭绿江、图们江、乌苏里江和黑龙江环绕，仅西面为陆界。内侧是大、小兴安岭，长白山系的高山、中山、低山和丘陵，中心部分是辽阔的松辽大平原和渤海凹陷。

东北地区平原面积的比重高于全国平原面积的比重，松辽平原、三江平原、呼伦贝尔高平原以及山间平地面积合计，与山地面积几乎相等。受纬度、海陆位置、地势等因素的影响，东北属大陆性季风型气候。自南而北跨暖温带、中温带与寒温带，热量显著不同，10 ℃以上（包含 10 ℃）的积温，南部可达 3 600 ℃，北部则仅有 1 000 ℃。冬小麦、棉花、暖温带水果在辽南各地可正常生长；中部可以生长春小麦、大豆、玉米、高粱、谷子、水稻、甜菜、向日葵、亚麻等春播作物；北部则以春小麦、马铃薯、大豆为主。自东向西，降水量自1 000 mm降至300 mm以下，气候上从湿润区、半湿润区过渡到半干旱区，农业上从农林区、农耕区、半农半牧区过渡到纯牧区。水热条件的纵横交叉，形成东北区农业体系和农业地域分异的基本格局，是综合性大农业基地的自然基础。东北地区的玉米和大豆在全国占有重要地位，玉米产量占全国总产量的29%，大豆的产量占全国总产量的50.4%，而玉米、大豆是饲料的主要来源。丰富的饲料资源为该地区畜牧业发展提供了充足的饲料来源。

4. 畜牧业分布　东北地区不仅土地广阔，农田、森林资源丰富，而且人口压力小，草甸草原面积大，水资源相对丰富，这些都是发展畜牧业得天独厚的基础。东北畜牧业涉及的牧畜种类繁多，主要为马、羊、牛、猪等。东北南部地区以农耕为主业，家畜多饲养猪、牛、羊，家禽多为鸡、鹅、鸭(靠近水边的地方)；东北西部地区，历史上多为游牧民族的畜牧区，多饲养马、牛和羊；东北北部的渔猎民族，多饲养鹿和犬；东北东部的居民早期以山居渔猎为主业，除了饲养猪、牛、羊，往往还饲养鹿和鹰作为渔猎的助手。东北民众肉食主要来自饲养的猪、鹅、鸭、鸡等，以及羊、牛、马、骆驼等大牲畜。

三、民猪的起源与形成

1. 东北地区养猪业历史

(1) 对野猪的驯化　古代东北地区的人们将捕获食用有余的野猪，特别是幼龄野猪，进行驯化饲养，逐渐改变其野性，成为家猪。现有的一些考古资料也可以证实这一点。1963年，在黑龙江省宁安镜泊湖南端莺歌岭出土了肃慎人原始社会的几件陶猪，经^{14}C测定年代为距今（3 025±90）年、(2 985±120)年，相当于中原地区的商、周时期。陶猪体型丰满肥硕，早已脱却“狼奔豕突”的野猪形态，而与近代家猪十分相似。1973年，在辽宁省旅顺郭家村发掘的距今大约4 000年的晚期龙山文化遗址中也有陶猪，其体态与野猪有明显区别。这些考古资料都表明，东北地区的养猪史最早可追溯到先秦时期，此时人们已经将野猪驯化为家猪，并且养猪已成为人们经济生活中的重要组成部分。

(2) 古代东北地区繁荣的养猪业　古代东北地区的养猪量很大，从各种文献记载可以发现，养猪业一直是古代东北地区的重要产业之一。民猪的祖先也正是从人们的不断驯养、培育中繁衍而来的。古代我国东北地区多居住着少数民族，在他们与中原地区的政治、文化、经济交流中，其饲养猪的一些状况被汉文献所记载。西汉扬雄《方言》卷八说："猪，北燕朝鲜之间谓之关东、西谓之彘，或谓之豕；南楚谓之猪子。"北燕朝鲜之间正是今辽宁地，这表明至迟不过汉代，东北已是我国猪的重要产区。东北地区的养猪业在之后的各朝各代一直延续下来，长盛不衰。《魏书》卷一《室韦传》中有"颇有粟麦及穄，唯食猪鱼……"；《北史·勿吉传》中有"其畜多猪无羊"；《隋书·靺鞨传》中有"靺鞨……其畜多猪"；《旧唐书·室韦传》说室韦"宜畜犬豕，豢养而啖之，用其皮以为韦，男人女人通以为服"；《新唐书·黑水靺鞨》中有"畜多豕，无牛羊"。渤海时期，各族部落都饲养猪。《金史·地理上·上京路》卷二十四记载："会宁府，下……户三万一千二百七十。旧岁贡秦王鱼，大定十二年罢之。又贡猪二万，二十五年罢之。"会宁府是女真人的居住地，文献记载该地上贡的猪平均每户接近一头，可见会宁府猪的饲养量比较大。现在的民猪分为大民猪、二民猪和荷包猪 3 个类型。古代东北地区各族养猪也有多种类型。从辽宁省大连市营城子出土的东汉陶猪可以看出，其塑造的是华北小型种的形象。说明华北小型种是现存东北荷包猪的祖先。在营城子汉墓出土文物中，曾发现许多猪骨，某些冥器上还用朱砂写着"豚"字。出土文物揭示了东北本地猪种的演化关系，说明现存东北荷包猪应是东北当地的原始猪经过培育产生的后裔。同时也说明，在东汉时期东北地区猪的饲养已经非常普及。

唐代的文献中还有东北地区人们饲养大型猪的记录。《新唐书·北狄传·室韦》卷二一九记曰："其畜无羊少马，有牛不用，有巨豕食之，韦其皮为服若席。"室韦分布于今天的黑龙江南北岸地区和嫩江流域一带，由此看来，室韦养猪不但多，而且养的是大型猪种。古代辽东的猪多为黑色。《后汉书》卷六三《朱浮传》《与彭宠书》中谈到了这样一件事："往时辽东有豕，生子白头，异而献之。行至河东，见群豕皆白，怀惭而还。"《集解》引惠栋曰："黄河以北，豕皆黑毛，无白者，至南方则豕多黑白相杂，亦有纯白者，故有辽东白头豕云。至今验之，犹然也。"而肃慎族系养猪多为白色。据《三朝北盟会编》甲，政宣上帙三记载，肃慎族系的后裔女真"兽多牛羊……白彘"。由此看来，肃慎族系的原始猪种是白猪，不同于辽东的黑猪。辽宋时代，金上京会宁府猪的饲养量大，品质好，会宁白猪是当时全国著名的优良品种。唐渤海国时期，东北人还驯育出良种"盄颉之豕"，这是当时渤海国的名产之一。古代东北人养猪除了吃猪肉外，对猪的其他产品也有充分的利用。最早挹娄人还将猪皮做成衣服穿在身上，冬季将猪脂肪涂在身上御寒，后来还将猪毛搓成绳来织布。《后汉书·列传·东夷列传》记曰："挹娄好养豕，食其肉，衣其皮。冬以豕膏涂身，厚数分，以御风寒。"古代东北地区的挹娄人以猪膏涂身以御风寒，自然是它最原始的形式。《晋书·四夷传》也说，"肃慎氏，一名挹娄……无牛羊，多畜猪，食其肉，衣其皮，绩毛以为布"。另外，在古代猪也被用作祭祀用品随葬。以猪从葬的习俗在《肃慎国记》中有记载，"杀猪积椁上，富者数百，贫者数十"。

另外，在大连的远古遗址中也有家猪的踪迹。西汉中、后期的墓葬中，普遍发现了盛放在陶盆中的猪脚，而且都是一套四只。到了东汉，墓中往往随葬陶猪。

到了清末，由于与国外贸易往来增多，猪鬃和肠衣往往作为猪产品出口。猪鬃是工业和军需用刷的主要原料，加工和出口始于清咸丰年间。而民猪毛密而长，猪鬃较多，是猪鬃产品的主要来源之一。由张霖如修的民国八年（1919年）出版的《拜泉县志》中记载："豕俗名猪，毛色黑有间白毛者，亦有纯白者，其鬃卖给洋人，价亦昂贵"。而猪肠衣当时作为西方军需食品原料也从我国大量进口。近代的猪鬃和肠衣贸易为缓解抗日战争时期的经济困境起到了相当大的作用。

2. 民猪品种的形成

（1）基于文献资料的推测　在明代、清代，东北与中原地区人们交流广泛，特别是清代"限汉令"解除之后，汉人大批移入东北。至二三百年前，由河北和山东的大量移民经陆路带到辽宁西部的小型华北黑猪，以及由海路带到辽宁南部和中部的山东中型华北黑猪，分别与原产于东北地区的本地猪进行杂交，经过长期选育，逐渐形成了民猪。由于自然经济条件的差异和群众要求的不同，民猪逐渐分化出大、中、小 3 个类型。在边远山区和农村，交通不便，粮价特别低，猪肉销路有季节性，群众多将猪养至 2 岁左右屠宰。2 岁左右屠宰，体重在 150 kg 以上的大型民猪，俗称大民猪。在农产品较丰富、交通较方便的农村，喜养周转快、不太肥，1～1.5 岁屠宰，体重 95 kg 左右的中型民猪，俗称二民猪。在城市附近，农副产品多，群众购买力强，喜食瘦肉，多饲养 10 个月左右屠宰。10 个月左右屠宰，体重 65 kg 左右的小型民猪，俗称荷包猪。

（2）分子技术手段检测分析　陆超等（2016）对 30 头东北民猪（二民猪）的线粒体 D-loop 区部分序列（697 bp）进行扩增和测序，结合已收录的 30 个亚欧猪种的线粒体 D-loop，采用最大似然法构建分子进化树分析显示，民猪与同为华北型猪种莱芜黑猪、沂蒙黑猪的遗传距离很近，并且与通城猪、皖南花猪的遗传距离较近。据此可以推测，东北地区的民猪可能是起源自山东省的莱芜黑猪与沂蒙黑猪，而山东省的黑猪则有可能是以湖北及安徽等地的华中型猪种为母本，随人口向北迁徙，经长期驯化、选育而形成华北型黑猪。这些以莱芜猪、沂蒙黑猪为代表的华北型黑猪可能在近代，由山东进入东北三省及内蒙古，最终形成现在的民猪群体。同时，此研究在与黑龙江野猪的比对过程中发现，黑龙江野猪并没有与亚洲猪种聚为一类，而与欧洲猪种较为接近。黑龙江野猪与民猪亲缘关系也较远，反而与杜洛克和欧洲野猪等欧洲猪种的亲缘关系较近，这可能是因为黑龙江省与苏联毗邻，而苏联有部分领土位于欧洲，所以黑龙江野猪很可能存在欧洲野猪的血统。因此，推断东北地区的野猪可能没有参与民猪的后期形成。

张冬杰等（2018）从全基因组水平筛选 SNP 标记并做群体遗传分析，研究构建分子进化树及主成分分析结果均清晰显示，东北野猪与亚洲家猪、野猪聚为一类，与我国北方野猪及日本野猪聚于一个较大分支，与其地理分布位置相符。民猪在进化关系上介于亚洲猪种和欧洲猪种之间，说明民猪在品种形成过程中曾引入欧洲猪种血统，推测与黑龙江省地理位置相关，与俄罗斯存在悠久商贸历史。据《黑龙江省志》介绍，20 世纪 20 年代，黑龙江省内养猪已发展到 126.2 万头，包括民猪及中东铁路沿线苏白猪，苏白猪含部分英国大约克夏猪血统。Ai 等（2015）探讨不同猪种间杂交现象时发现，猪 X 号染色体上存在长达 14Mb 的低重组区，南北地方猪在该区域存在两种不同单倍型，北方猪单倍型可能来自另一个已经灭绝猪属，该属间杂交据推算发生于数十万年前，说明民猪除含有山东中型华北黑猪及欧洲猪血统外，还包含黑龙江省本地古老猪种血统。由此可见，民猪遗传背景相对复杂，遗传资源宝贵。

以上研究结果存在差异，推测与所使用的试验方法不同有关。

第二节　民猪的种质特性

一、品种特征

1. 体型外貌

大民猪：体型粗大，皮厚毛长，头直长，耳大下垂且贴两颊，耳尖达到口下且呈圆形，颈长，胸窄，肋平，背多凹陷，四肢下部软，后腿有较多的皱褶，腹大松弛，体侧及乳基部有皱纹，乳腺发达，乳头排列整齐，尾长而下垂，全身被毛黑色，毛质粗硬，颈上部及背部有长而弹性强的鬃毛，冬季在长毛基部密生棕色绒毛。

二民猪：全身被毛为黑色，体质强健，头中等大，面直长，额部鼻梁有“川”字皱纹，耳大下垂，背腰较平、稍凹、窄狭，肩胸发达，单脊，腹大下垂但不拖地，乳头7对以上、排列整齐，四肢粗壮，后腿微弯，后躯斜窄，猪鬃良好，冬季密生棕红色绒毛，10月龄肥猪鬃毛长可达16 cm。

荷包猪：体矮，体型较小，整个体躯呈椭圆形，肚子状似荷包，故而得名。全身被毛黑色或黑褐色，肩胛部鬃毛较长。头较小，颜面直，额部有皱纹，嘴筒中等，有獠牙，耳小下垂或半下垂。背腰微凹，体躯较小。

2. 体重体尺

二民猪：成年公猪体重平均为181.75 kg，体长为139.6 cm，胸围为134.3 cm，体高为79.1 cm；对284头母猪测定，其体重平均为145.6 kg，体长为133.0 cm，体高为129.9 cm，胸围为76.3 cm（王希彪等，2007）。

荷包猪：成年公猪体重平均为93.3 kg，体长为124.5 cm，胸围为105.25 cm，体高为63.5 cm；成年母猪体重平均为81.8 kg，体长为106.75 cm，胸围为97.0 cm，体高为59.6 cm（刘显军等，2010）。

二、种质特性

1. 民猪的习性

（1）杂食性，食量大　猪胃的类型介于肉食动物单胃和反刍动物复胃之间，饲料利用广泛而多样。

（2）拱土采食　猪鼻的构造适于掘土，自出生后1周左右即能用鼻尖掘土采食。这是猪的本性，故猪舍床面必须保持清洁、干燥，以免引起下痢。

（3）警觉性　猪警觉性很高，易受干扰引起应激，所以饲养者一定要精心照顾猪群。

（4）发育快速　仔猪生长迅速，出生后1周，其体重即为初生时的2倍。仔猪易贫血，需提早教槽及防止贫血。

（5）群居性　猪为喜群居的胆小动物，同窝或异窝同大的猪应安置在同一猪舍饲养。

（6）嗅觉发达　猪对颜色的感觉比较迟钝，但嗅觉敏感，寄养时应采取相应措施，如涂受寄养母猪的尿液等。

（7）喜清洁　猪有在低湿地方排粪、在高燥地方睡卧的习惯，有经常保持清洁的习性。所以猪舍的建筑应能利用其习性来保持高燥与清洁。

（8）耐粗饲　猪胃内虽没有分解粗纤维的微生物，但小肠、大肠中微生物菌群复杂，可分解饲料中粗纤维，但饲料中含量不应太高，用青粗饲料喂猪时，要注意调配一定量的精饲料。

（9）母性强　民猪母猪在哺乳期间母性极强，护仔。在仔猪受到威胁时，母猪攻击性变强，以保护仔猪。

2. 民猪的生长性能

（1）荷包猪　初生重约为0.98 kg，平均日增重为410 g，200日龄体重可达82 kg。

（2）二民猪　初生重约为0.80 kg，1月龄时为3.93 kg，是初生重的近5倍；到2月龄时为11.36 kg，是1月龄的近3倍；之后不再有体重翻倍增长的情况，至8月龄体重可达91.25 kg（吕耀忠，1996）。这说明中型民猪前期增长倍数最高，这一阶段的生长状况对后期生长有较大影响。早期的试验显示，民猪育肥8月龄全期增重为86.8 kg，日增重为510 g，增重1 kg耗混合饲料3.95 kg（赵刚，1989）。而经过近年来的选育和改进日粮结构后饲养的民猪，233日龄体重可达90 kg，瘦肉率为48.5%，饲料转化率为4.15∶1（郑照利和王亚波，2006）。王希彪等（2007）报道，兰西猪场等3个单位试验测定结果，育肥猪由初始重15.5 kg到末重102.3 kg的平均日增重为510 g，饲料转化率为3.95∶1。

关于二民猪生长性能的研究进展如下：

从板油重发育情况看，二民猪出生至4月龄增长速度缓慢，而在5～6月龄增长较快，均以2～3倍的速度增长，背膘厚呈现与板油重性状相似的情况。胴体直长的增长在前期（出生至2月龄）增长较快，中期的（2～4月龄）增长较前期有所下降，而在中期的4～6月龄增长缓慢，后期（6～8月龄）胴体直长的增长速度又明显较中期提高。脂肪重性状在出生时没有，但中、后期增长速度较快。

从瘦肉的生长发育趋势来看，前3个月龄增长速度呈现5倍至3倍的增长趋势，说明前期东北民猪的增长以瘦肉为主，后3月龄明显低于前期。眼肌面积是测定瘦肉率的重要指标，从该性状看，前3个月增重速度最快，均以3倍至2倍的速度增长。骨、皮也呈现出前期增重速度快而后期慢的趋势。从瘦肉率性状看，各月龄均大致相同，4月龄的瘦肉率最高为56.35%。骨率出生和1月龄的比较高。皮率出生时最高，其余各月龄均大致相同（表1-1）。

表1-1 东北民猪（二民猪）胴体性状生长发育

（引自吕耀忠、闻殿英、刘伟等，1996）

性状	出生	1月龄	2月龄	3月龄	4月龄	5月龄	6月龄	8月龄
宰前重（kg）	0.80	3.93	11.36	18.94	32.60	40.44	50.95	91.25
胴体重（kg）	0.41	2.22	6.72	10.49	18.40	25.00	34.25	64.6
板油重（kg）	0	0.01	0.05	0.07	0.09	0.21	0.66	1.41
胴体直长（cm）	18.00	31.95	46.55	55.88	66.38	71.88	73.00	115.00
胴体宽（cm）	7.26	13.05	18.20	21.75	24.83	26.13	30.59	45.25
背膘厚（cm）	0.17	0.70	0.86	0.85	0.96	1.04	2.55	2.94
眼肌面积（cm^2）	0.85	2.55	5.29	6.72	13.68	10.78	19.88	35.67
脂肪重（kg）	0.00	0.12	0.48	0.78	1.30	1.90	3.71	11.77
肉重（kg）	0.10	0.56	1.62	2.67	5.33	6.40	8.80	29.78
骨重（kg）	0.05	0.22	0.53	0.91	1.57	1.79	1.92	6.85
皮重（kg）	0.04	0.12	0.35	0.63	1.26	1.65	1.80	14.48
瘦肉率（%）	53.10	54.63	54.50	53.83	56.35	54.58	54.60	47.73
脂肪率（%）	0.00	10.88	15.93	15.30	13.50	16.13	22.25	18.13
骨率（%）	26.88	22.30	17.75	18.23	16.68	15.25	11.95	6.85
皮率（%）	19.45	12.23	11.83	12.68	13.43	14.05	11.23	23.13

据何敬琦等（2010）研究以1月龄为起点内脏器官各月龄相对生长系数，从中可以看出，各器官的生长强度变化没有明显的规律，心脏在4月龄和6月龄生长强度较高；肝脏、肺脏、肾脏和小肠的生长强度低于体重的生长强度；胃和大肠的生长强度几乎均大于体重的生长强度。胃在4月龄时生长强度最高，达到172.95%；大肠在8月龄生长强度最高，为146.836%。小肠的生长

强度随日龄的增长不断降低（表 1－2）。

表 1－2　民猪内脏器官的相对生长系数（%）

（引自何敬琦等，2010）

器官	2.5 月龄	4 月龄	6 月龄	8 月龄
心脏	98.338	109.047	83.900	124.472
肝脏	85.125	72.248	51.515	57.858
肺脏	84.640	71.902	80.036	91.927
胃	129.267	172.953	103.188	107.425
小肠	76.000	48.476	34.853	34.104
大肠	114.168	146.402	131.967	146.836

3. 民猪的繁殖性能

（1）大民猪　据赵刚（1989）调查报道显示，大民猪初产母猪平均胎产仔数为 13.28 头，2 产母猪平均胎产仔数为 13.66 头，3 产以上母猪平均胎产仔数为 15.57 头。断奶时平均窝成活头数为 11.15 头，60 d 断奶体重为 10 kg，仔猪平均初生重为 0.87 kg，哺乳 30 d 仔猪窝重平均为 60.40 kg。

（2）二民猪　3～4 月龄即有发情表现，并有强烈的性欲。母猪发情周期为 18～24 d，持续期为 3～5 d，多至 7 d。成年母猪受胎率一般为 98%；妊娠期为 114～115 d。平均窝产仔数为 13.5 头以上，初产母猪 60 d 泌乳 270 kg，经产母猪 60 d 泌乳 340 kg，母猪发情持续时间长，配种容易，空怀率低。

关于二民猪的繁殖性能研究进展如下：

黑龙江省兰西县种猪场 1976—1985 年大群生产记录的统计分析显示，民猪初产产仔数（165 窝）为 10.49 头，二胎产仔数（123 窝）为 11.78 头，3～10 胎产仔数（662 窝）为 13.91 头。民猪各胎的产仔数变化见表 1－3。

表 1－3　民猪各胎的产仔数变化

胎次	3	4	5	6	7	8	9	10
窝数（窝）	110	111	125	97	92	67	38	22
产仔数（头）	12.42±0.35	13.74±0.31	13.94±0.31	14.19±0.38	15.18±0.36	14.00±0.44	14.52±0.61	14.27±0.55

不同时期、场区统计的结果有所不同。据赵刚等 1982 年报道，第 1～12 胎（155 窝）平均产仔 14.70 头，存活 14.19 头。兰西猪场第 1～12 胎平均产仔数为 12.87 头，各类群间也有差异。

根据 1981—1985 年统计数据显示，经产母猪平均胎产仔数为 14.35 头，平均胎产活仔数 12.38 头，20 d 成活仔猪数为 10.64 头；根据 1996—2000 年统计数据显示，经产母猪平均胎产仔数为 12.63 头，平均胎产活仔数为 11.39 头，20 d 成活仔猪数为 10.12 头。

（3）荷包猪　公猪性成熟时间平均为 135 日龄，初配时间平均为 270 日龄；母猪性成熟时间平均为 90 日龄，初配时间平均为 240 日龄。初产母猪平均胎产仔数为 8.5 头，平均胎产活仔数为 8.1 头。仔猪平均初生重为 0.91 kg，断奶仔猪成活数平均为 7.4 头；经产母猪平均胎产仔数为 10.1 头，平均胎产活仔数为 9.8 头。仔猪平均初生重为 0.98 kg，断奶仔猪成活数平均为 9.4 头。

4. 民猪的耐寒特性

（1）二民猪　由于长期生活在东北三省及内蒙古等北方寒冷地区，二民猪皮厚，被毛浓密而长，冬季密生绒毛，基础代谢率低。经过多年的长期选择，民猪具备了极好的抗寒能力，其抗寒性能远优于我国的其他地方猪种。

关于二民猪耐寒性能的研究进展如下：

在猪舍温度为 10 ℃时，民猪和长白猪的体温均为 38.6 ℃，当将猪赶出圈外，气温降至－26 ℃时，长白猪体温下降至 37.2 ℃，下降了 1.4 ℃，而民猪体温降至 37.8 ℃，下降了 0.8 ℃。而当气温从午后的－6 ℃下降到翌日早上－22 ℃时，民猪心率由 79 次/min 变为 79.7 次/min；长白猪由 95 次/min 变为 75.5 次/min。在平均气温为 13.8 ℃的春天，民猪和长白猪的呼吸频率分别为 22.8 次/min 和 19.5 次/min。在平均舍温为－14 ℃的冬天，民猪和长白猪的呼吸频率分别为 21.7 次/min 和 14.26 次/min，表明长白猪通过减少呼吸频率来减少散热。当将猪赶出圈外，气温降至－28 ℃时，长白猪 35 s 后出现弓腰，4 min 10 s 后出现寒战，4 min 56 s 后出现不安；而民猪 2 min 40 s 后出现弓腰，在 12 min 内均未出现其他症状。

同时，即使在冬季气温极低的条件下，民猪仍能正常产仔。据赵刚等（1990 年）的试验报道，1988 年 12 月至 1989 年 3 月（冬季最冷时期）在兰西县种猪场选择 4 头 3～8 胎的妊娠母猪饲养于简易猪舍（单列开放式，三面有墙，正南面敞开，有垫草）内，观察其产仔、哺育情况。另有 4 头母猪饲养于保温猪舍（封闭式，有门窗）的作对照。猪舍内外温度见表 1－4。

表 1－4　试验期气温与舍温情况（℃）

气温		12 月	1 月	2 月	3 月
舍外气温	最高	－15.5	－16.87	－14.84	－6.33
	最低	－20.13	－21.13	－16.89	－8.87
简易猪舍气温	最高	－9.32	－9.79	－2.21	5.00
	最低	－17.97	－18.17	－14.18	－5.19
保温猪舍气温	最高	5.46	11.58	13.48	14.71
	最低	2.90	8.73	10.75	12.04

结果显示，虽然在简易猪舍中，舍内温度长期在 0 ℃以下，最低温度为－18.17 ℃，多数在－9 ℃以下。试验组母猪产仔及带仔情况接近在保温猪舍的情况，但低温降低了猪只的成活率（表 1－5）。

表 1－5　仔猪体重及成活率

组别	母猪数（头）	全部产仔数（头）	平均产仔数（头）	初生重（kg）	20 日龄体重（kg）	60 日龄断奶仔数（头）	平均断奶重（kg）
试验组	4	39	12.75	1.02	3.87	9.0	15.56
对照组	4	36	12.38	1.023	4.04	9.75	14.17

民猪的抗寒特性与其皮毛的生长特性密切相关。民猪体重为 90 kg 时，每平方厘米粗毛和绒毛的总数平均为 100.08 根，而哈尔滨白猪平均只有 21.125 根。在冬季，民猪体重为 120 kg 时，每平方厘米的绒毛数量平均达 280.4 根，长度平均为 12.376 mm，粗度平均为 58.18 mm（段英超等，1981）。

民猪生理指标的研究发现，比较 22.5 ℃气温环境对照组，在－20 ℃气温环境中民猪母猪的体温（肛温）下降了 0.18 ℃，而哈尔滨白猪母猪的体温下降了 0.07 ℃；民猪母猪的脉搏增加了 32.28 次/min，哈尔滨白猪母猪的脉搏增加了 26.14 次/min。这说明民猪和哈尔滨白猪在温度降低时体温比较稳定，都以加快血液循环速度的方式来保障体温的恒定（胡殿金等，1983；周传臣和张文，2005）。另有研究在比较 25 ℃气温环境对照组时，－28 ℃气温环境中成年民猪体温下降了 0.52 ℃，成年大约克夏猪和长白猪体温下降了 0.24 ℃；成年民猪的脉搏下降了 4.8 次/min，成年大约克夏猪和长白猪的脉搏下降了 5 次/min，说明成年民猪、成年大约克夏猪和长白猪在不同温度环境中，体温和心率都相对稳定（韩维中等，1983）。两个研究由于使用不同生长期的民猪，以及采用了不同的试验方法，在猪的脉搏变化方面呈现不同的结果，但在体温方面结果相似，都显示在低温环境中民猪的体温略有下降，但下降幅度不大，与哈尔滨白猪、大约克夏猪和长白猪没有显著差异。

对民猪行为学的研究发现，当从猪舍进入低温（－28 ℃）环境中，开始排便的时间以及回到猪舍门前的时间，民猪母猪都明显长于哈尔滨白猪母猪；哈尔滨白猪母猪在进入低温环境 12.4 min 后即发出鸣叫声，在 21.9 min 后即全身战栗，在 90 min 的观察时间内一直在猪舍门前走动、鸣叫，没有躺卧行为；而民猪母猪一直没有战栗和鸣叫现象，并且有 39.6 min 的时间呈俯卧姿势，这些行为学表现说明民猪比哈尔滨白猪具有较强的耐寒能力（胡殿金等，1983）。

①寒冷环境下民猪的表型及行为学研究。民猪和大约克夏猪新生仔猪各一窝，5 月龄民猪和大约克夏猪各 6 头，80～90 kg 体重民猪 20 头和大约克夏猪 14 头，均来自黑龙江省农业科学院畜牧研究所。在－20～27 ℃条件下，将民猪和大约克夏猪的待产母猪各 1 头放入大棚舍中，在新生仔猪出生后至断奶期间，记录新生仔猪的冻死情况；将 5 月龄民猪和大约克夏猪各 3 头分栏放入暖舍（20～24 ℃）中作为对照，另外 5 月龄民猪和大约克夏猪各 3 头分栏放入冷舍中，观察耳组织冻伤情况；将 80～90 kg 体重民猪 10 头（每栏各 5 头）和大约克夏猪 4 头分栏放入暖舍中作为对照，另外 80～90 kg 体重民猪和大约克夏猪各 10 头分栏放入冷舍中（每栏各 5 头），观察猪的筑巢、挤卧、弓腰、战栗、打喷嚏、流鼻涕、冻死、冻伤等情况，照相、录像并记录战栗时间、战栗频率等数据。

长期寒冷条件下猪的筑巢、挤卧、弓腰和战栗等情况：由于猪的 *UCP1* 基因在进化过程中丢失，因而猪没有能进行非战栗性产热的褐色脂肪组织(BAT)；与拥有褐色脂肪组织的哺乳动物牛、鼠等相比，猪相对不耐寒，在低温下易战栗，并有筑巢、挤卧习性。试验中发现，5 月龄及 80～90 kg 体重的民猪与大约克夏猪，在冷、暖舍中均有筑巢、挤卧现象，在暖舍中的挤卧时间短于在冷舍中的挤卧时间，在暖舍中也未见弓腰、战栗、打喷嚏、流鼻涕等现象。但是在冷舍中，5 月龄及 80～90 kg 体重的大约克夏猪一直挤卧在一起（彩图 1－1A），全部呈现弓腰（彩图 1－1C，箭头处）、全身剧烈战栗，有打喷嚏、流鼻涕现象；而 5 月龄及 80～90 kg 体重的民猪挤卧时间短于大约克夏猪（彩图1-1B），有40%（$n=10$）的民猪仍能长时间站立，仅40%（$n=10$）的民猪呈现弓腰（彩图1-1D，箭头处）和轻微战栗现象，没有打喷嚏、流鼻涕现象。

在冷舍中，5月龄民猪的持续战栗时间为4 s，明显低于5月龄大约克夏猪12 s的持续战栗时间（图1-1A，$P<0.05$）。80～90 kg体重民猪的战栗间隔时间2.5 s，明显长于80～90 kg体重大约克夏猪1.05 s的战栗间隔时间（图1-1B，$P<0.01$）。80～90 kg体重民猪的战栗频率为85次/min，明显低于80～90 kg体重大约克夏猪212次/min的战栗频率（图1-1C，$P<0.01$）。说明在长期寒冷条件下，关于5月龄及80～90 kg体重猪的耐寒能力，民猪强于大约克夏猪。

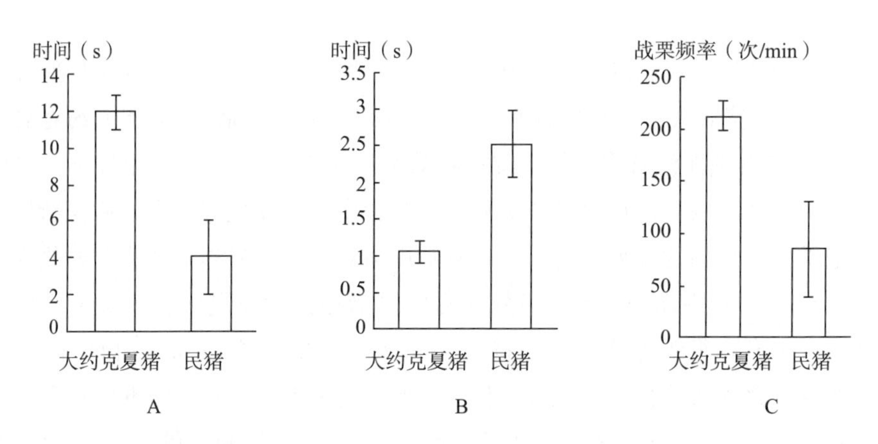

图1-1　大约克夏猪与民猪的战栗情况比较

A. 5月龄民猪的持续战栗时间（s）明显低于5月龄大约克夏猪的持续战栗时间（s）（$P<0.05$）；B. 80～90 kg体重民猪的战栗间隔时间（s）明显长于80～90 kg体重大约克夏猪的战栗间隔时间（s）（$P<0.01$）；C. 80～90 kg体重民猪的战栗频率（次/min）明显低于80～90 kg体重大约克夏猪的战栗频率（次/min）（$P<0.01$）

长期寒冷条件下猪的冻伤情况：在进入冷舍48 h后，80～90 kg体重大约克夏猪全部出现皮肤冻红现象（彩图1-2A），耳组织边缘冻红（彩图1-2C）；80～90 kg体重民猪未见皮肤冻红现象（彩图1-2B），也未见耳组织冻伤现象（彩图1-2D）。进入冷舍23 d后，80～90 kg体重大约克夏猪耳组织冻伤恶化，出现冻裂、结痂现象（彩图1-2E），冻伤率达100%；80～90 kg体重民猪未有冻伤现象发生（彩图1-2F），冻伤率为0。5月龄大约克夏猪在进入冷舍

48 h 后也全部出现皮肤冻红和耳组织冻伤现象，在进入冷舍 15 d 后也全部出现耳组织冻伤恶化的冻裂、结痂现象（彩图 1－2G），冻伤率达 100%；5 月龄民猪同样未见有耳组织冻伤现象（彩图 1－2H），冻伤率为 0。这些结果也表明，在长期寒冷条件下，5 月龄和 80～90 kg 体重的民猪比 5 月龄和 80～90 kg 体重的大约克夏猪耐寒。

长期寒冷条件下猪的冻死情况：为了进一步比较民猪与大约克夏猪的耐寒能力，对猪的冻死情况也进行了观察。首先对哈尔滨冬季大棚舍中民猪和大约克夏猪各一窝新生仔猪的冻死情况进行观察（表 1－6，彩图 1－3）。发现民猪新生仔猪在出生后 7 d 内无冻死现象，仅在断奶时（30 d）冻死 1 头，冻死率为 10%；大约克夏猪新生仔猪在出生后 7 d 内全部冻死，冻死率达 100%。说明民猪新生仔猪比大约克夏猪新生仔猪耐寒能力强。其次，对哈尔滨冬季室外冷舍中 5 月龄猪和 80～90 kg 体重猪的冻死情况进行观察。发现 5 月龄民猪、80～90 kg体重民猪与 5 月龄大约克夏猪均无冻死现象。而 80～90 kg 体重大约克夏猪冻死数量为 3 头，其中有 1 头在进入冷舍中 48 h 后就已濒临死亡状态，另有 1 头已经冻死，且尸体呈严重冻伤，其冻死率达 30%。说明在长期寒冷条件下民猪确实比大约克夏猪耐寒。

表 1－6　长期寒冷条件下试验用猪冻死率

试验用猪	冷舍中数量（头）	冻死数量（头）	冻死率（%）
大约克夏猪新生仔猪	11	11	100
民猪新生仔猪	10	1	10
5 月龄大约克夏猪	3	0	0
5 月龄民猪	3	0	0
80～90 kg 体重大约克夏猪	10	3	30
80～90 kg 体重民猪	10	0	0

②寒冷环境下民猪的适应性变化研究。选择体重为 20 kg 的民猪和大约克夏猪各 10 头作为试验猪。试验猪从温度为 18 ℃的环境，转移到平均温度为－26 ℃环境，于 0、1 h 和 72 h 3 个时间点空腹采前腔静脉血约 10 mL，取肝素抗凝血 5 mL，血液样品 2 h 内送至哈尔滨市工业大学校属医院进行血清中丙氨酸氨基转移酶（ALT）、天门冬氨酸氨基转移酶（AST）、谷草转氨酶：谷丙转氨酶（AS：AL）、γ-谷氨酰基转移酶（GGT）、肌酸激酶（CK）、葡萄糖（GLU）

指标的检测。

血清中丙氨酸氨基转移酶、天门冬氨酸氨基转移酶的含量，谷草转氨酶∶谷丙转氨酶的变化情况：一般认为转氨酶是反映肝脏功能的一项指标，当组织器官活动或存在病变时，就会将其中的转氨酶释放到血液中，使血清中转氨酶含量增加，血清中丙氨酸氨基转移酶、天门冬氨酸氨基转移酶、谷草转氨酶∶谷丙转氨酶增加是肝炎、心肌炎和肺炎病变程度的重要指标，表示肝脏、心脏、肺脏等组织器官可能受到了损害。试验结果显示（表 1－7），在民猪和大约克夏猪由18 ℃环境转移到平均温度为－26 ℃环境时，血清中丙氨酸氨基转移酶、天门冬氨酸氨基转移酶、谷草转氨酶∶谷丙转氨酶含量皆有增加，1 h 时间点，民猪 3 个指标分别增加了－3%、23%、27%，大约克夏猪分别增加了 15%、103%、90%；3 d 时间点，民猪 3 个指标分别增加了 3%、13%、10%，大约克夏猪分别增加了 9%、48%、22%。从民猪与大约克夏猪相比较来看，民猪 3 个指标增加速度较缓慢、增加程度较小，从该角度可认为民猪受到寒冷应激（1 h）和持续寒冷（3 d）的影响较小。

表 1－7　民猪和大约克夏猪血清中酶类检测结果

猪种	时间（h）	丙氨酸氨基转移酶（IU/L）	天门冬氨酸氨基转移酶（IU/L）	谷草转氨酶∶谷丙转氨酶
民猪	0	78.04±4.24	94.12±4.54	1.21±0.15
	1	75.62±2.88	116.67±8.88	1.53±0.32
	72	80.43±5.94	106.60±7.94	1.33±0.50
大约克夏猪	0	81.21±1.41	92.54±4.50	1.14±0.08
	1	85.50±4.56	187.85±8.56	2.18±0.10
	72	96.45±5.66	136.57±9.66	1.40±0.78

血清中肌酸激酶和葡萄糖含量变化情况：肌酸激酶通常存在于动物的心脏、肌肉以及脑等组织的细胞质和线粒体中，是脊椎动物唯一的磷酸原激酶，是一个与细胞内能量运转、肌肉收缩、三磷酸腺苷（ATP）再生有直接关系的重要激酶，它可逆地催化肌酸与 ATP 之间的转磷酰基反应，是判断动物应激、心脏和骨骼肌疾病的重要指标。试验结果显示（表 1－8），在民猪和大约克夏猪由 18 ℃环境转移到平均温度为－26 ℃环境时，血清中肌酸激酶含量皆有增加，1 h 时间点，民猪增加了 202%，大约克夏猪增加了 1 108%；3 d 时

间点，民猪增加了 32%，大约克夏猪增加了 837%。民猪与大约克夏猪比较来看，民猪这一指标增加速度较缓慢、增加程度较小，从该角度可认为民猪受到寒冷应激（1 h）和持续寒冷（3 d）的影响较小。

血清中葡萄糖的来源主要是饲料中的糖类被消化进入血液，并通过神经和激素的调节维持血清葡萄糖浓度的恒定，以保证机体对葡萄糖的需要量。血清中葡萄糖水平的显著升高说明肝糖原分解加强，抑制组织对糖的清除，降低脂肪组织对胰岛素的敏感性，增强机体动用血清中葡萄糖维持机体热应激状态下新陈代谢所需的血清葡萄糖。试验结果显示（表 1-8），在民猪和大约克夏猪由 18 ℃环境转移到平均温度为−26 ℃环境时，血清中葡萄糖含量都有增加，1 h 时间点，民猪增加了 17%，大约克夏猪增加了 4%；3 d 时间点，民猪增加了 2%，大约克夏猪增加了 6%。民猪与大约克夏猪比较来看，民猪这一指标增加速度较缓慢、增加幅度较小，从该角度可认为民猪受到寒冷应激（1 h）和持续寒冷（3 d）的影响较小。

表 1-8　民猪和大约克夏猪血清中肌酸激酶和葡萄糖变化结果

猪种	时间（h）	肌酸激酶（IU/L）	葡萄糖（IU/L）
民猪	0	2 016±186.93	7.658±1.55
	1	6 088.4±225.91	8.922±0.947
	72	2 660±234.85	7.828±1.974
大约克夏猪	0	812±80.13	8.68±2.75
	1	9 813±389.31	8.995±1.732
	72	7 607±482.73	9.19±0.339

选取临床健康、经检测猪瘟抗体水平一致的 48 日龄仔猪 40 头，其中民猪仔猪 20 头，大约克夏猪仔猪 20 头。对民猪仔猪及大约克夏猪仔猪 21 日龄进行猪瘟兔化弱毒疫苗免疫接种，在 48 日龄时采血检测猪瘟抗体水平，挑出抗体水平一致、体重相近、临床健康的仔猪 40 头，随机分成 4 组：低温民猪组（ML）、低温大约克夏猪组（YL）、民猪对照组（MH）、大约克夏猪对照组（YH），每组 10 头。在适温猪舍饲养 7 d 后，把低温民猪组（ML）、低温大约克夏猪组（YL）仔猪转到低温猪舍饲养，24 h 后开始试验。试验开始后，每头仔猪肌内注射猪瘟兔化弱毒疫苗 2 头份，分别在免疫接种猪瘟疫苗前（第 0 天）、免疫接种猪瘟疫苗后的第 7 天、第 14 天，在早上饲喂前空腹对仔猪前腔静脉

采血 10 mL，分离血清用于胰岛素（INS）、皮质醇（Cort）、干扰素-α（IFN-α）、白细胞介素-6（IL-6）、甲状腺素（T4）、三碘甲状腺原氨（T3）、猪瘟抗体（CSF）的测定（彭福刚等，2018，2019）。

低温对猪瘟疫苗免疫接种猪血清中胰岛素浓度的影响：由表 1-9 可见，免疫接种前（第 0 天）各处理组胰岛素浓度差异不显著（$P>0.05$）；猪瘟疫苗免疫接种第 7 天时，YL 组比 MH 组和 YH 组胰岛素浓度分别降低 13.82%、12.35%（$P<0.05$），YL 组比 ML 组胰岛素浓度降低 6.77%，但差异不显著（$P>0.05$），其他各组间差异不显著（$P>0.05$）。随着时间的推移，低温两试验组胰岛素浓度呈 V 形变化，先下降再升高；适温两试验组略微上升再下降，猪瘟疫苗免疫接种第 14 天时胰岛素水平各处理组浓度相近（$P>0.05$）（图 1-2）。

表 1-9　不同时间点各处理组血清中胰岛素浓度的变化（mIU/L）

时间	ML 组	YL 组	MH 组	YH 组
免疫接种前（第 0 天）	10.18±0.79	9.72±0.63	10.68±0.95	10.42±1.59
第 7 天	9.90±0.46[ab]	9.23±0.27[b]	10.71±0.68[a]	10.53±0.66[a]
第 14 天	10.35±0.96	9.82±1.01	10.08±0.87	10.39±0.88

注：同行肩标小写字母完全不同表示差异显著（$P<0.05$），含相同字母或无肩标表示差异不显著（$P>0.05$），下同。

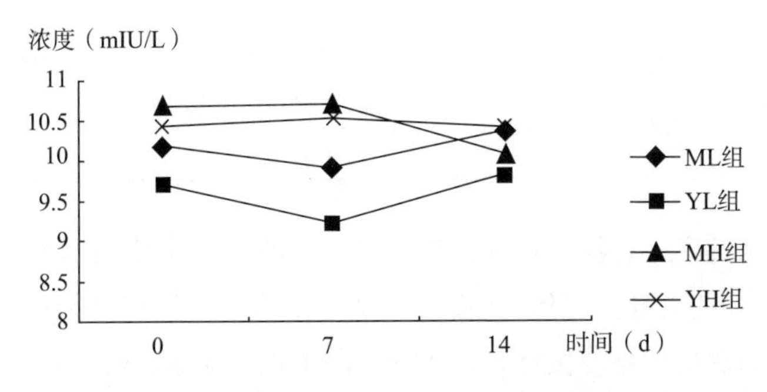

图 1-2　猪瘟疫苗免疫接种条件下温度对猪血清中胰岛素浓度的影响

低温对猪瘟疫苗免疫接种猪血清中皮质醇浓度的影响：由表 1-10 可见，免疫接种前（第 0 天）YL 组比 MH 组和 YH 组皮质醇浓度分别升高 34.29%、46.06%（$P<0.05$），YL 组比 ML 组皮质醇浓度升高 19.11%（$P>0.05$），其他各处理组间差异均不显著（$P>0.05$）；猪瘟疫苗免疫接种第 7 天和第 14 天时，YL 组比其他 3 组皮质醇浓度显著升高（$P<0.05$）。随着时间的推移，各

处理组皮质醇浓度均呈倒V形变化，先升高再下降，YL组上升速度快而下降速度较慢，其他3组变化幅度相近（图1-3）。

表1-10　不同时间点各处理组血清中皮质醇浓度的变化（ng/mL）

时间	ML组	YL组	MH组	YH组
免疫接种前（第0天）	60.33±7.67[ab]	71.86±7.66[a]	53.51±7.78[b]	49.20±8.97[b]
第7天	101.54±10.61[b]	132.52±14.53[a]	96.58±9.71[b]	95.64±6.85[b]
第14天	81.31±8.32[b]	130.81±15.77[a]	78.26±8.04[b]	79.64±6.35[b]

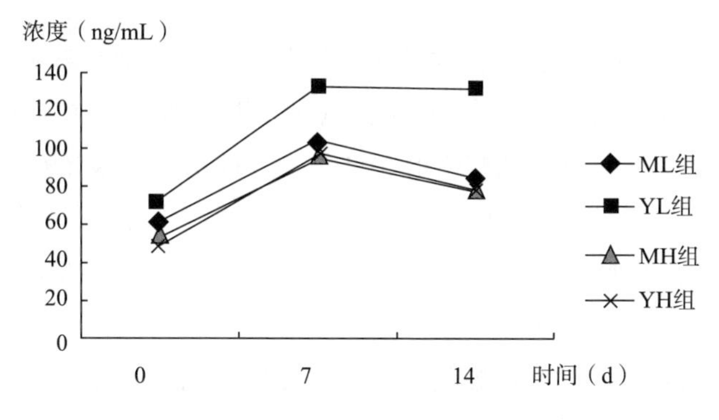

图1-3　猪瘟疫苗免疫接种条件下温度对猪血清中皮质醇浓度的影响

低温对猪瘟疫苗免疫接种猪血清中干扰素-α浓度的影响：由表1-11可见，免疫接种前（第0天）和免疫接种第7天时各处理组干扰素-α浓度差异不显著（$P>0.05$）；猪瘟疫苗免疫接种第14天时，YL组比YH组干扰素-α浓度降低了28.95%（$P<0.05$），YL组比ML组和MH组干扰素-α浓度分别降低了24.31%、25.01%，差异不显著（$P>0.05$），其他各处理组间差异均不显著（$P>0.05$）。随着时间的推移，YL组干扰素-α浓度呈先升高再下降的变化，其他各处理组干扰素-α浓度均呈升高状态，YH组升高幅度较其他两组幅度大（图1-4）。

表1-11　不同时间点各处理组血清中干扰素-α浓度的变化（pg/mL）

时间	ML组	YL组	MH组	YH组
免疫接种前（第0天）	47.23±7.34	46.66±5.16	45.22±4.18	43.61±5.79
第7天	54.96±7.57	51.49±4.73	55.64±5.79	55.08±5.52
第14天	53.31±6.91[a]	40.35±3.64[b]	53.81±4.87[a]	56.79±6.21[a]

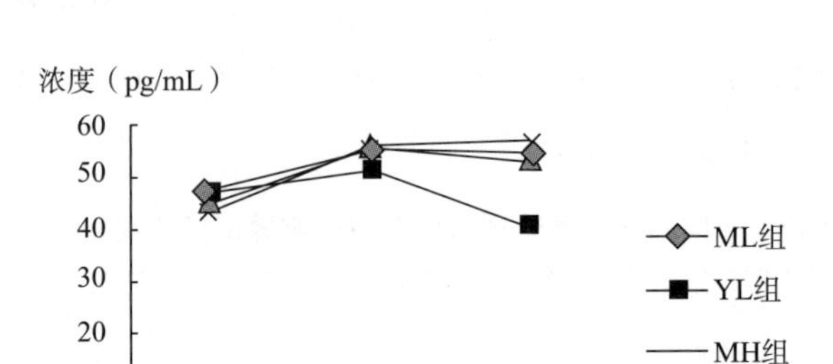

图 1－4　猪瘟疫苗免疫接种条件下温度对猪血清中干扰素-α浓度的影响

低温对猪瘟疫苗免疫接种猪血清中白细胞介素-6 浓度的影响：由表 1－12 可见，免疫接种前（第 0 天）低温两试验组 YL 组和 ML 组白细胞介素-6 浓度差异不显著（$P>0.05$），适温两试验组 MH 组和 YH 组白细胞介素-6 浓度差异不显著（$P>0.05$），ML 组比 MH 组白细胞介素-6 浓度升高 27.14%（$P<0.05$），YL 组比 YH 组白细胞介素-6 浓度升高 26.56%（$P<0.05$）；猪瘟疫苗免疫接种第 7 天和第 14 天时，YL 组比其他 3 组白细胞介素-6 浓度显著降低（$P<0.05$）。随着时间的推移，各处理组白细胞介素-6 浓度均呈先升高再下降趋势变化，上升速度快而下降速度较慢（图 1－5）。

表 1－12　不同时间点各处理组血清中白细胞介素-6 浓度的变化（ng/mL）

时间	ML 组	YL 组	MH 组	YH 组
免疫接种前（第 0 天）	139.96±15.41[a]	140.63±12.25[a]	110.08±6.59[b]	111.12±5.06[b]
第 7 天	380.14±24.01[a]	277.26±22.55[b]	370.84±27.54[a]	344.92±26.27[a]
第 14 天	306.68±11.69[a]	265.52±13.56[b]	314.97±14.59[a]	310.50±16.52[a]

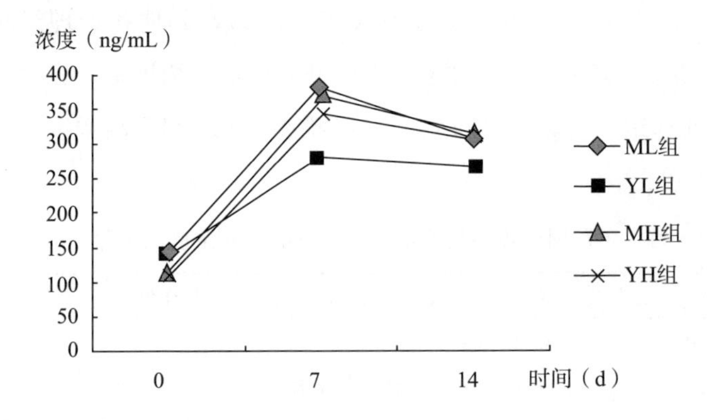

图 1－5　猪瘟疫苗免疫接种条件下温度对猪血清中白细胞介素-6 浓度的影响

低温对猪瘟疫苗免疫接种猪血清中 T4 浓度的影响：由表 1－13 可见，免疫接种前（第 0 天）各处理组 T4 浓度差异不显著（$P>0.05$），猪瘟疫苗免疫接种第 7 天时，YL 组与 MH 组和 YH 组 T4 浓度差异显著（$P<0.05$），与 ML 组差异不显著（$P>0.05$）；免疫接种第 14 天时，YL 组比 YH 组 T4 浓度降低 20.56%（$P<0.05$），YL 组比 ML 组和 MH 组 T4 浓度分别降低 19.81%、22.01%，差异均显著（$P<0.05$），其他各处理组间差异均不显著（$P>0.05$）。随着时间的推移，YL 组 T4 浓度变化幅度较大，而其他各处理组 T4 浓度变化幅度不大（图 1－6）。

表 1－13　不同时间点各处理组血清中 T4 浓度的变化（ng/mL）

时间	ML 组	YL 组	MH 组	YH 组
免疫接种前（第 0 天）	1.06±0.04	1.05±0.03	1.09±0.15	1.07±0.09
第 7 天	1.02±0.05[ab]	0.98±0.07[b]	1.07±0.05[a]	1.08±0.04[a]
第 14 天	1.06±0.04[a]	0.85±0.03[b]	1.09±0.05[a]	1.07±0.05[a]

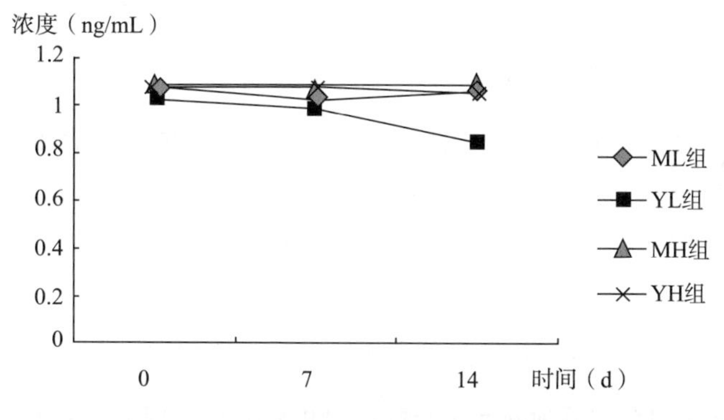

图 1－6　猪瘟疫苗免疫接种条件下温度对猪血清中 T4 浓度的影响

低温对猪瘟疫苗免疫接种猪血清中 T3 浓度的影响：由表 1－14 可见，免疫接种前（第 0 天）低温两试验组 YL 组和 ML 组 T3 浓度差异不显著（$P>0.05$），适温两试验组 MH 组和 YH 组 T3 浓度差异不显著（$P>0.05$），ML 组比 MH 组 T3 浓度升高 10.86%（$P<0.05$），YL 组比 YH 组 T3 浓度升高 16.44%（$P<0.05$）；猪瘟疫苗免疫接种第 7 天时，各处理组 T3 浓度差异不显著（$P>0.05$）；猪瘟疫苗免疫接种第 14 天时，YL 组比 YH 组 T3 浓度降低 16.27%（$P<0.05$），YL 组比 ML 组和 MH 组 T3 浓度分别降低 14.98%、17.75%，差异均显著（$P<0.05$），其他各处理组间差异均不显著（$P>0.05$）。随着时间的延长，YL 组 T3 浓度下降较其他组明显（图 1-7）。

表 1-14　不同时间点各处理组血清中 T3 浓度的变化（pg/mL）

时间	ML 组	YL 组	MH 组	YH 组
免疫接种前（第 0 天）	3.37±0.08[a]	3.47±0.12[a]	3.04±0.11[b]	2.98±0.24[b]
第 7 天	3.33±0.14	3.36±0.16	3.29±0.15	3.23±0.09
第 14 天	3.27±0.16[a]	2.78±0.17[b]	3.38±0.24[a]	3.32±0.19[a]

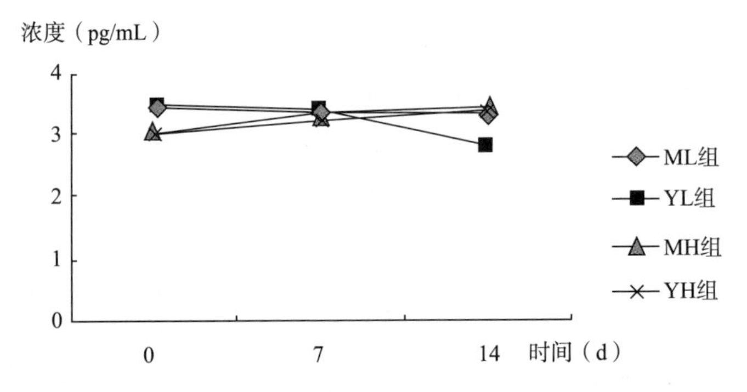

图 1-7　猪瘟疫苗免疫接种条件下温度对猪血清中 T3 浓度的影响

低温对猪瘟疫苗免疫接种猪血清中猪瘟抗体的影响：由表 1-15 可见，猪瘟疫苗免疫接种第 0 天时，各处理组猪瘟抗体差异不显著（$P>0.05$）；猪瘟疫苗免疫接种第 14 天时，YL 组比 YH 组猪瘟抗体浓度降低 17.69%（$P<0.05$），YL 组比 ML 组和 MH 组猪瘟抗体浓度分别降低 12.94%、19.03%，差异均显著（$P<0.05$），其他各处理组间差异均不显著（$P>0.05$）。

表 1-15　不同时间点各处理组血清中猪瘟抗体的变化（pg/mL）

时间	ML 组	YL 组	MH 组	YH 组
免疫接种前（第 0 天）	0.294±0.01	0.296±0.01	0.297±0.02	0.298±0.01
第 14 天	1.368±0.04[a]	1.191±0.07[b]	1.471±0.08[a]	1.447±0.07[a]

综上结果表明，民猪相比于大约克夏猪对低温环境更适应，即民猪对低温环境的适应性优于大约克夏猪。

（2）荷包猪　环境温度为 10 ℃时，长白猪和荷包猪体温基本一致；在 −21 ℃时，长白猪体温下降 3.7%，而荷包猪下降 2.1%，荷包猪体温下降程度显著低于长白猪（$P<0.05$），说明荷包猪体温调节能力好于长白猪，能够

更好地抵御严寒，保持体温恒定，从而保证了寒冷条件下的生理代谢正常。

在严寒气候下，猪体为减少散热，外周血管收缩，循环血量下降，导致心率下降。当气温从−6 ℃降至−18 ℃时，荷包猪心率变化不显著，而长白猪下降 21.2%，变化明显高于荷包猪（$P<0.01$）。

气温下降时，猪体为减少散热而降低呼吸频率，以减少呼吸蒸发散热，另外需要增加产热，才能维持正常的体温和生理代谢。气温由 10 ℃降至−21 ℃时，长白猪呼吸频率由 19.3 次/min 降至 14.4 次/min，下降 25.4%，而荷包猪由 22.9 次/min 降至 21.7 次/min，下降 5.2%，长白猪下降幅度极显著高于荷包猪（$P<0.01$）。

在寒冷条件下，荷包猪能更好地保持体温、心率、呼吸频率的相对稳定，从而保证寒冷气候下的正常生理代谢，在行为上表现得比较自然，较为积极地到舍外采食，到指定地点进行排粪、排尿等正常活动，并在−21 ℃的气温下仍未有战栗现象发生。

5. 民猪的耐粗饲特性

（1）二民猪　民猪比较耐青粗饲料，能利用大量青绿饲料、糠麸等，在较低的营养水平及低蛋白质情况下获得增重，粗纤维消化率显著高于国外引进猪种。

有研究以生产实践数据为基础，以农户饲养民猪母猪日粮添加青粗饲料为条件，对民猪的耐粗饲和生产性能进行试验研究。试验组比对照组产仔数、窝成活数、初生重、断奶重差别不大，试验组比对照组发病率降低 2.3%，而死亡率与成活率相差不大。母猪提供仔猪的产仔窝重、20 d 窝重、60 d 断奶窝重，试验组比对照组分别提高 0.3 kg、1.6 kg、1.3 kg。试验组比对照组多消耗饲料 979.5 kg，可节省精饲料 2 206 kg，60 d 仔猪可节省粗饲料0.5 kg/头。从实践结果看出，日粮适量添加青粗饲料不仅可降低养猪成本，而且可增加养猪收入，并对母猪的产仔数、产活仔数、泌乳力、育成率影响不大，同时更加证明了民猪的耐粗饲特性。

①不同粗纤维饲喂水平下血液生化指标筛选。选择体重 60 kg 的二民猪和大约克夏猪各 30 头作为试验材料，分别饲喂消化能为 12.55 MJ/kg、粗蛋白质含量为 17.44%、钙含量为 0.81%、有效磷含量为 0.3%、赖氨酸含量为 0.94%、蛋氨酸含量为 0.25%，粗纤维含量分别为 9%、12%和 15%的 3 种日粮，每组别二民猪和大约克夏猪各 10 头。试验猪分别于 0 d 和 30 d 2 个时间点空腹前腔静脉采血约 10 mL，取肝素抗凝血 5 mL，血液样品 2 h 内送至哈

尔滨市工业大学校属医院进行谷丙转氨酶、谷草转氨酶、乳酸脱氢酶、肌酸激酶指标的检测。

一般认为转氨酶是反映肝脏功能的一项指标，当组织器官活动或发生病变时，会把其中的转氨酶释放到血液中，使血清中转氨酶含量增加。血清中谷丙转氨酶和谷草转氨酶增加是肝炎、心肌炎和肺炎病变程度的重要指标，表示肝脏、心脏、肺脏等组织器官可能受到了损害。试验结果显示（表1-16），民猪和大约克夏猪在饲喂粗纤维含量分别为9%、12%和15%的3种日粮后，其谷丙转氨酶和谷草转氨酶含量皆有增加，其中谷丙转氨酶民猪分别增加了6.7%和5.8%，大约克夏猪分别增加了17.3%和25.5%；而谷草转氨酶民猪分别增加了2.3%、45.8%，大约克夏猪分别增加了69.0%、148.1%。民猪与大约克夏猪比较来看，民猪2个指标增加程度较小，从该角度可认为民猪更适应粗纤维含量高的日粮。

表1-16　不同粗纤维饲喂水平下民猪血液生化指标测定结果

猪种	粗纤维含量（%）	谷丙转氨酶（IU/L）	谷草转氨酶（IU/L）	乳酸脱氢酶（IU/L）	肌酸激酶（IU/L）
民猪	9	43.2±2.1	31.0±1.1	607.3±8.3	291.3±3.5
	12	46.1±1.5	31.7±2.2	762.7±6.6	361.6±4.2
	15	45.7±2.2	45.2±3.2	757.4±7.1	796.3±2.5
大约克夏猪	9	50.9±1.9	35.1±1.2	615.2±7.5	344.4±5.7
	12	59.7±2.4	59.3±2.1	782.7±6.4	824.2±4.2
	15	63.9±2.3	87.1±3.5	851.3±5.4	1 023.6±7.4

乳酸脱氢酶是糖无氧酵解及糖异生的重要酶系之一，可催化丙酮酸与L-乳酸之间的还原与氧化反应，也可催化相关的α-酮酸。机体的营养不良也会造成乳酸脱氢酶水平的升高。试验结果显示（表1-16），与饲喂9%粗纤维日粮相比，饲喂12%和15%的粗纤维日粮民猪乳酸脱氢酶指标分别增加了25.6%、24.7%，大约克夏猪分别增加了27.2%、38.4%。民猪与大约克夏猪相比较来看，民猪乳酸脱氢酶增加程度较小，从该角度可认为民猪更适应粗纤维含量高的日粮。

肌酸激酶通常存在于动物的心脏、肌肉以及脑等组织的细胞质和线粒体中，是脊椎动物唯一的磷酸原激酶，是一个与细胞内能量运转、肌肉收缩、

ATP 再生有直接关系的重要激酶，它可逆地催化肌酸与 ATP 之间的转磷酰基反应，是判断动物应激、心脏和骨骼肌疾病的重要指标。试验结果显示，民猪和大约克夏猪在饲喂粗纤维含量分别为 9%、12%和 15%的 3 种日粮后，其肌酸激酶含量皆有增加，其中民猪分别增加了 24.1%、173.3%，大约克夏猪分别增加了 139.3%、197.2%。民猪与大约克夏猪相比较来看，民猪肌酸激酶增加程度较小，从该角度可认为民猪更适应粗纤维含量高的日粮。

②肠道菌群筛选研究。张冬杰等，2018 年研究报道，4 头大约克夏猪育肥猪（B1～B4）和 5 头民猪育肥猪（M1～M5）在同一饲养水平下（表 1－17）饲喂至体重达 100 kg，进而在同一时间点分别取 100 g 左右的新鲜粪样，提取基因组。选择 16 S rRNA 基因的 V4 区作为扩增和测序的目的片段。对所测得的原始数据优化后，进行操作分类单元（OTU）聚类分析、多样性指数分析、分类学分析等生物信息学分析。

将 8 个样本分别进行 OTU 统计分析后发现，B2～B4 分别获得 722 个、652 个和 783 个 OTU，M1～M5 分别获得 764 个、762 个、675 个、773 个和 800 个 OTU。两组间共有 OTU 885 个，大约克夏猪特有 OTU 69 个，民猪特有 OTU 221 个。由此可知，民猪特有的 OTU 数量要远多于大约克夏猪，但通过对民猪和大约克夏猪特有的 OTU 丰度值进行观察，发现这些 OTU 的丰度值都偏低，全部小于 20，因此推测它们并不起主要作用。

研究人员分别计算了每个样本菌群丰度的指数 Ace、Chao（用于估计群落中 OTU 数目），以及菌群多样性指数 Shannon 和 Simpson（用于估算样品中微生物的多样性）（表 1－17）。大约克夏猪组内 B3 个体的物种多样性低于组内另外 2 个个体，民猪组内 M3 个体的物种多样性低于另外 4 个个体，二组间差异不显著。

表 1－17 各样本多样性指数统计

样品编号	读序数	多样性指数			
		Ace	Chao	Shannon	Simpson
B2	18 729	843 (809，889)	871 (821，947)	5.19 (5.16，5.21)	0.012 9 (0.012 5，0.013 3)
B3	18 729	727 (704，762)	755 (716，816)	5.06 (5.04，5.08)	0.015 2 (0.014 7，0.015 7)

(续)

样品编号	读序数	多样性指数			
		Ace	Chao	Shannon	Simpson
B4	18 729	909 (875，955)	912 (869，975)	5.29 (5.26，5.31)	0.012 3 (0.011 8，0.012 7)
M1	18 729	869 (840，910)	877 (839，935)	5.1 (5.07，5.12)	0.015 2 (0.014 7，0.015 7)
M2	18 729	909 (871，961)	933 (879，101 3)	5.04 (5.02，5.07)	0.016 9 (0.016 4，0.017 4)
M3	18 729	824 (784，877)	809 (765，874)	4.56 (4.53，4.58)	0.037 7 (0.036 3，0.039 1)
M4	18 729	871 (843，911)	905 (860，975)	5.35 (5.32，5.37)	0.011 5 (0.011 1，0.011 9)
M5	18 729	917 (885，960)	978 (919，1 064)	5.26 (5.24，5.28)	0.0143 (0.013 8，0.014 9)

注：括号内数值表示的是统计学中的上限值和下限值。

利用已有的 16 s 细菌和古菌核糖体数据库 Silva 以及核糖体基因内转录间隔区（ITS）真菌数据库 Unite 对获得的每个 OTU 对应的物种进行分类，并在门、纲、目、科、属共计 5 个水平上统计每个样品的群落组成，具体结果见表 1-18。通过丰度值的高低，筛选不同水平下占优势比例的细菌模式。无特殊情况，选择平均丰度值大于 100、有准确注释的细菌进行后续分析。

表 1-18　8 个样本在不同分类学水平上的群落组成（个）

分类单元	总计	B2	B3	B4	M1	M2	M3	M4	M5
门	25	19	18	18	18	15	15	15	14
纲	47	34	33	33	34	26	26	26	26
目	80	53	43	46	49	39	40	35	36
科	121	79	64	68	75	61	65	56	58
属	207	135	116	128	128	114	108	112	109

本研究中共检测到 25 个门，其中拟杆菌门（Bacteroidetes）占总数的 50.7%，厚壁菌门（Firmicutes）占 31.7%，螺旋菌门（Spirochaetae）占

10.1%，变形菌门（Proteobacteria）占3.6%，民猪和大约克夏猪之间具有大致相同的门水平分布。进一步分析显示，25个门中检测到47个纲，拟杆菌纲（Bacteroidia）、梭菌纲（Clostridia）、Negativicutes（厚壁菌门下的一个纲）和螺旋体纲（Spirochaetes）在两个猪种内均高表达。大约克夏猪的丹毒丝菌纲（Erysipelotrichia）、γ-变形菌纲（Gammaproteobacteria）和Negativicutes分别比民猪高出2.6倍、2.5倍和2.0倍。民猪的纤维杆菌门（Fibrobacteria）和Spirochaetes（属于螺旋体门）分别比大约克夏猪高出3.7倍和1.7倍（彩图1-4）。

本研究中共检测到80个目，其中气单胞菌目（Aeromonadales）、拟杆菌目（Bacteroidales）、梭菌目（Clostridiales）、硒单胞菌目（Selenomonadales）和螺旋体目（Spirochaetales）在两个猪种内均高表达。大约克夏猪的气单胞菌目和硒单胞菌目比民猪分别高出2.6倍和2.0倍，而民猪的纤维杆菌目（Fibrobacterales）和乳酸杆菌目（Lactobacillales）以及螺旋体目分别比大约克夏猪高出3.7倍、1.8倍和1.7倍。共检测到121个科，其中普雷沃氏菌科（Prevotellaceae）、瘤胃菌科（Ruminococcaceae）和螺旋体科（Spirochaetaceae）在民猪和大约克夏猪中均高表达。大约克夏猪的梭菌科（Clostridiaceae）、琥珀酸弧菌科（Succinivibrionaceae）和韦荣氏菌科（Veillonellaceae）分别比民猪高出3.4倍、2.6倍和2.8倍，民猪的Christensenellaceae、纤维杆菌科（Fibrobacteraceae）和螺旋体科（Spirochaetaceae）分别比大约克夏猪高出7.0倍、3.7倍和1.7倍。

本研究共检测到207个属，其中普氏菌属（*Prevotella*）和密螺旋体属（*Treponema*）在两个猪种内均高表达。大约克夏猪的厌氧弧菌属（*Anaerovibrio*）和梭菌属（*Clostridium*）分别比民猪高出4.5倍和3.4倍，民猪的纤维杆菌属（*Fibrobacter*）、螺旋体属（*Spirochaeta*）和密螺旋体属（*Treponema*）比大约克夏猪分别高出3.7倍、1.6倍和1.7倍（彩图1-5）。

（2）荷包猪　有研究表明，不同营养水平下，荷包猪的繁殖性状间无明显差异，而长白猪差异显著。荷包猪能在极低的营养水平下正常生产，可以大量利用青粗饲料和农副产品下脚料，减少蛋白质饲料的供给量，节约饲料资源。低营养口粮主要影响长白猪的乳腺发育和仔猪初生重，影响哺乳母猪的泌乳量，进而导致仔猪生长缓慢。低营养导致长白猪母猪泌乳不足，仔猪抢占乳头现象严重，仔猪大小不均，弱小仔猪后期由于吃不到乳汁而死亡，育成率明显下降。低营养条件下，长白猪断奶后发情配种时间明显延迟、情期受胎率下降，进而影响总繁殖性能。因此，荷包猪具有较强的耐粗饲性能。

6. 民猪的肉质性状　民猪是我国优良地方品种，具有肉质坚实、肌肉颜色鲜红、肌间脂肪含量高、大理石花纹分布均匀等优良特点，无白肌（pale, soft and exudative, PSE）肉发生。民猪肉色、香、味俱佳，口感细嫩、多汁、肉味香浓、肉色鲜红。其优良的肉质品质是其他引进品种猪无法比拟的。

（1）二民猪　pH_{24}（屠宰后 24 h 测定的 pH）为 5.77，肉色为 2.90 分，大理石纹为 3.6 分，失水率为 28.50%，熟肉率为 59.08%，滴水损失 2.53%，剪切力为 2.92 kg，眼肌面积为 21.24 cm^2，肌内脂肪含量为 5.39%（张树敏等，2010）。背最长肌中脂肪酸组成中软脂酸 28.57%、硬脂酸 10.05%、油酸 48.92%、亚油酸 5.09%（王楚端和陈清明，1996a）。在对二民猪肌肉组织学特性的研究中，其每网格内纤维数为 429.47 根，直径为 44.39 μm，红纤维占 12.15%、中间型纤维占 14.52%、白纤维占 73.2%（王楚端和陈清明，1996b）。

①民猪的胴体和肉质性能。据赵刚等 1982 年报道，对兰西猪场（1975、1978）240 日龄的民猪进行屠宰测定，宰前体重为 99.25 kg 的肥猪，胴体重为 75.0 kg，屠宰率为 75.6%，6～7 肋间背膘厚为 51.4 mm，皮厚为 4.8 mm。胴体中瘦肉（红肉）占 40.29%，脂肪（白肉）占 37.81%，骨占 8.33%，皮占 9.28%。赵刚等（1982）对吉林省及辽宁省 3 家单位的民猪胴体的部分屠宰性状报道见表 1－19。

表 1－19　民猪胴体的部分屠宰性状

（引自赵刚等，1982）

年份	地区	头数（头）	屠宰率（%）	背膘厚（mm）	眼肌面积（cm^2）	后腿比例（%）
1978	吉林省	5	71.40	43.5	21.93	25.63
1979	吉林省	5	70.28	40.5	17.63	26.31
1978	辽宁省	4	70.57	35.9	20.20	25.64

2007 年，黑龙江省畜牧兽医局在兰西县民猪保种场对 20 头民猪的育肥性能进行测定，育肥期平均日增重为（507.05±2.00）g，料重比为 4.11±

0.03。20头民猪于249日龄屠宰，屠宰前活重为90.03 kg，其屠宰性能如下：胴体重（64.95±0.58）kg，屠宰率（72.14±0.53）%，平均背膘厚（37.30±1.60）mm，6～7肋背膘厚（36.50±1.60）mm，皮厚（5.00±0.10）mm，眼肌面积（20.89±0.93）cm^2，瘦肉率（47.65±0.40）%；其肉质性状指标为：肉色3.6分，大理石纹3.5分，pH 6.29，失水率（21.26±0.27）%，水分（66.47±0.44）%，粗蛋白质（22.88±0.15）%，肌内脂肪（5.25±0.12）%。

2007年，吉林省畜牧总站在长岭县对30头民猪育肥性能进行测定，20～90 kg体重阶段，平均日增重560 g，料重比4.75。270日龄以后日增重和饲料报酬开始下降。2007年，吉林省畜牧总站在长岭县对18头民猪进行屠宰性能测定，结果显示240日龄育肥猪屠宰前活重达到90 kg，对其中8头民猪进行肉质测定，肉质良好，无PSE肉和黑干（dark，firm and dry，DFD）肉，肌纤维直径（68.89±0.52）μm，其屠宰性能如下：胴体重（64.00±0.56）kg，屠宰率（71.10±0.55）%，平均背膘厚（46.00±1.80）mm，6～7肋背膘厚（51.40±2.00）mm，皮厚（2.40±0.14）mm，眼肌面积（21.00±0.92）cm^2，瘦肉率（48.60±0.41）%；其肉质性状指标为：肉色3.5分，大理石纹3.5分，pH 6.58，系水力（88.16±0.64）%，干物质（30.19±0.21）%，粗蛋白质（20.37±0.14）%，肌内脂肪（5.22±0.11）%。

2005年，辽宁省畜禽遗传资源保存利用中心对45头荷包猪进行育肥性能测定，15～85 kg体重阶段平均日增重（410.00±8.00）g，料重比3.95。2005年，辽宁省畜禽遗传资源保存利用中心和沈阳农业大学对8头荷包猪进行屠宰性能和测定，其屠宰性能如下：屠宰日龄（210±7.0）d，屠宰前活重（65.8±1.9）kg，胴体重（64.00±0.56）kg，屠宰率（74.90±1.3）%，平均背膘厚（40.4±0.15）mm，6～7肋背膘厚（47.5±0.2）mm，皮厚（4.35±0.12）mm，眼肌面积（31.8±0.21）cm^2，瘦肉率（44.2±1.5）%；其肉质性状指标为：肉色3.06分，大理石纹3.14分，滴水损失（2.67±0.36）%，pH_1 6.3，pH_{24} 5.6，水分（74.51±0.36）%，灰分（1.76±0.06）%，粗蛋白质（19.01±0.17）%，肌内脂肪（5.12±0.24）%。

民猪屠宰后45 min背最长肌pH较高，平均较引进猪品种高0.3～0.4。猪屠宰后，肌肉中的肌糖原通过无氧代谢途径酵解生成乳酸，随肌肉中乳酸的积累肌肉的pH（酸度）下降。肌糖原酵解的加速、加强是产生PSE肉的重要因素，pH 下降的程度对肉色、系水力、可溶性蛋白浓度、货架期都有明显影响，因而宰后 45 min 肌肉 pH 是反映肌肉内肌糖原酵解速度和强度的重要指标之一，在肉质研究中通常将 pH_1（屠宰后 45 min 内测定的 pH）6.0 作为判定是否为 PSE 肉的界限。从研究结果来看，民猪的宰后 pH 普遍高于引进猪品种，背最长肌 6～7 肋及最后肋背最长肌的 pH，长白猪分别为 6.01 及 6.12，而民猪分别为 6.44 及 6.42（王楚端和陈清明，1995）；长白猪 pH_{24} 为 5.47（苗志国等，2018），而民猪 pH_{24} 为 5.92（陈润生等，2007）。

民猪肉色鲜红，无 PSE 肉和 DFD 肉。肉色的深浅及均匀度主要由肌肉色素含量、分布及其化学状态决定，同时肌肉色素对肉色的作用受到 pH 的影响。光密度测定值民猪为 0.937，比长白猪和大约克夏猪高 0.3～0.4，证明民猪肌红蛋白质含量较高。

民猪肌肉系水力强，失水率较引进猪品种低 4%～6%。系水力对肉的外观及嫩度有很大影响，失水率是国内现阶段常用的反映肌肉系水力的间接指标。研究结果表明，民猪失水率为 33.29%，显著低于长白猪的 38.3%（王楚端和陈清明，1995）。

民猪肉的嫩度较高。嫩度是适口性的主要指标，主要通过剪切力测定，剪切力越小嫩度越高。有研究表明，民猪肌肉剪切力为 43.32 N，显著小于长白猪的 54.88 N（王楚端和陈清明，1995）。

民猪肉的肌纤维直径较小。肌纤维组织学特性对肉质具有重要影响。肌束内肌纤维数目的多少或肌纤维直径的大小是判定肉质细嫩致密与否的重要因素，肌纤维越细，肉质越鲜嫩。有研究表明，民猪的肌纤维直径为 35.7 μm，显著小于长白猪肌纤维的直径 92.41 μm 和大约克夏猪的直径 90.07 μm（张永泰，2003）。

民猪肉的肌内脂肪含量高。肌内脂肪是指蓄积于肌外膜、肌束膜以及肌内膜上的脂肪。肌内脂肪含量与猪肉的食用品质密切相关，可影响猪肉的嫩度、风味、肉色、系水力及大理石纹评分，是影响猪肉品质的重要因素。有研究表明，民猪的背最长肌肌内脂肪含量为 5.22%（许振英等，1989），显著高于长白猪的 2.02%。

民猪肉在肉色、pH、系水力、嫩度、肌纤维直径、肌内脂肪含量等各个肉质相关方面较引进猪品种都有较大优势，但是缺点是皮厚、脂肪层较厚、瘦肉率低。民猪皮重占胴体重的 11.76%，显著高于长白猪的 7.1%；瘦肉率为

43.46%，显著低于长白猪的60%。

2011—2016年，黑龙江省农业科学院畜牧研究所对二民猪、荷包猪、大约克夏猪倒数3～4肋间背最长肌氨基酸进行检测，二民猪和荷包猪的氨基酸总量分别为21.21%和21.80%，都略高于大约克夏猪的20.63%，且几乎所有的单个氨基酸含量都略高于大约克夏猪（表1-20）。

表1-20 二民猪、荷包猪、大约克夏猪的氨基酸含量比较（%）

氨基酸	二民猪	荷包猪	大约克夏猪
天门冬氨酸	2.07	2.17	2.02
苏氨酸	1.02	1.07	0.99
丝氨酸	0.91	0.91	0.87
谷氨酸	3.41	3.38	3.35
甘氨酸	0.95	0.95	0.90
丙氨酸	1.22	1.11	1.17
胱氨酸	0.14	0.37	0.13
缬氨酸	1.02	1.13	1.00
蛋氨酸	0.62	0.60	0.61
异亮氨酸	1.04	1.10	1.01
亮氨酸	1.85	2.01	1.81
酪氨酸	0.79	0.69	0.75
苯丙氨酸	0.96	0.88	0.94
组氨酸	1.02	1.02	1.05
精氨酸	1.42	1.44	1.38
脯氨酸	0.85	0.91	0.83
赖氨酸	1.92	2.05	1.81
氨基酸总量	21.21	21.80	20.63

②民猪切块点评。2011年8月和2012年9月，张伟力、刘娣等于黑龙江省农业科学院畜牧研究所民猪综合试验站分别各取2头体重为110 kg的阉割

猪，屠宰后排酸 24 h，取半胴体于黑龙江省农业科学院畜牧研究所肉质实验室做切块分析，对其质量做出评述：

a. 前肩切块（彩图 1－6）。雪花中度、细巧美观、纹理清晰、线条流畅、色如玫瑰、弹性良好、质地厚重。

b. 眼肌大排切块（彩图 1－7）。质地细嫩，纹理细致，属细密型大理石纹，与此纹对应的肌内脂肪估计值约为 5%。其色度适中，切面尚干爽。其背膘很厚，切面红白对比中白色优势明显。

c. 小排切块（彩图 1－8）。大理石纹纵横交错，是极品卖点。肋骨断面骨大髓大，髓腔饱满充实，红髓深染，是开发名牌糖醋排骨和排骨汤的上选。

d. 五花肉切块（彩图 1－9）。三红三白一皮，层次分明。三层瘦肉，肉色偏浅，大理石纹适度，纹理细致，切块立体，造型美观。三层肥膘，特点分明，与其他品种形成巨大反差：第一，其肥膘中囊状颗粒结构明显，如葡萄成串而聚，其颗粒在阳光下折射有水晶钻石之感，但在暗室中则显出明显的赘肉特点。第二，膘皮接合部有黑色素沉积，形成黑色麻点，容易引起顾客误解。因此，五花肉切块的生产和销售模式的设计将成为开发民猪优质肉的技术关键点。

e. 股四头肌切块（彩图 1－10）。色如玫瑰，纹理流畅顺通，筋膜细薄洁白，整体切块弹性良好，立体造型模块美观大气，肉面十分悦目。此切块是中式炒肉丝的上选。

f. 股二头肌切块（彩图 1－11）。红白二头泾渭分明，大理石纹适度，尚属细致，弹性良好，纹理较细致，持水良好，无渗出液。肌束间略见成片脂肪沉积。此切块可制精品香肠、肉馅、香肚等深加工制品，在加工后熟制过程中产生香味，从而发挥其种质方面的肉质优势。

g. 尾切块（彩图 1－12）。其切面瘦肉形如梅花盛开，色如玛瑙晶莹，四周白膘环抱，有白雪衬红梅之风采，可做中餐极品佳肴。

（2）荷包猪　pH_{24} 为 5.59，肉色为 3.57 分，大理石纹为 3.70 分，滴水率为 1.28%，剪切力为 3.01 kg，肌内脂肪含量为 3.49%，肌糖原含量为 1.39 mg/g，肌乳酸含量为 0.69 mg/g（张胜，2011）。

第三节　关于民猪的标准制定

一、民猪饲养技术规范

2014 年 11 月 25 日，吉林省质量技术监督局发布了地方标准《民猪饲养技术规范》(DB 22/T 2188—2014),此标准由吉林省畜牧业管理局提出并归口,由吉林大学、东北农业大学、黑龙江省农业科学院、兰西县种猪场、吉林农业大学共同起草,具体内容见附录。

二、民猪行业标准

2016年10月26日,中华人民共和国农业部发布了农业行业标准《民猪》(NY/T 2956—2016),此标准由农业部畜牧司提出,由全国畜牧业标准化技术委员会(SAC/TC 274)归口,由东北农业大学、兰西县种猪场、辽宁省家畜家禽遗传资源保存利用中心、全国畜牧总站共同起草。

第二章
民猪保护与利用

民猪曾经是东北三省的主要当家品种。改革开放后，随着市场经济的发展和人民生活水平的不断提高，人们对瘦猪肉的需求量不断增加；我国粮食的增产和饲料的进口，为发展以精饲料为主、生长发育快、瘦肉率高、周转快、盈利高的“洋猪”创造了条件。因此，民猪以及含有民猪血统的培育品种（1949 年后东北三省培育的新金猪、吉林黑猪、哈尔滨白猪、三江白猪）都受到极大的冲击，有的已所剩无几。至于地方猪种所具有的耐粗饲、适于粗放管理、抗病力强、肉质好等特性，已不被人们重视。因此，东北民猪及其培育的猪种，与全国其他地方猪种、培育品种一样数量急剧减少。

长期以来，有关地方猪种的保存与利用一直是一个具有争议的问题。以盈利为目的的经营者，只考虑经济效益，而科研与教学单位的部分人员，从技术角度和养猪业的长远发展考虑，则十分珍惜我国几百年来劳动人民所培育的具有优良繁殖性状、耐粗放饲养管理、肉质好及抗病能力强等特点的地方猪种。如今的问题是，在眼前的经济利益和社会舆论（动物性脂肪危害健康）导向的驱使下，瘦肉率高、生长速度快的引进品种猪挤占地方猪种的生存空间已形成难以扭转的局面；而绝大多数科技工作者，特别是教学、科研单位科技工作者，都在想方设法呼吁对地方猪种的重视和利用，且已初见成效。

农业农村部近几年在全国建成了多个地方猪种保种场，这是地方猪种保护战的久旱甘露；有关养猪的组织不断地召开地方猪种技术、生产、保护利用会议，新闻媒体也在大声疾呼，如国内有影响的技术性刊物《猪业科学》，还开辟了地方猪种专栏，报纸等媒体不断地刊登宣传有关地方猪种的消息，这些努力已引起有关方面的重视，有些地方猪种濒临灭绝的形势已经开始好转，这使得从事地方猪种保护、挖掘、开发、利用的广大热心科技工作者深受鼓舞。

第一节　民猪的保种力量

一、老一辈专家对民猪的重视、指导和支持

1. 已故许振英教授生前在给讲课过程中经常向学生们灌输重视地方猪种的重要意义，强化学生们对地方猪种的重视和利用；在历届养猪技术活动中不断地强调东北民猪的重要性；他还接受了农业部下达的地方猪种猪测定项目中的有关东北民猪的测定工作，并以东北民猪为基础与长白猪杂交，育成了“三江白猪”（赵刚，2014）。

2. 北京农业大学（中国农业大学前身）张仲葛教授在1960年参与全国中等农业学校《养猪学》教材审订时提出，要把地方猪种写好（重要性和利用方法）。他还指出：要在黑龙江省科学技术委员会争取“东北民猪研究课题”立项，争取活动经费，以利于东北民猪保种研究工作，还不断地通过书信指导东北民猪研究工作（赵刚，2014）。

3. 已故中国农业科学院畜牧研究所李炳坦研究员在黑龙江甘南县工作时，就对东北民猪产生了浓厚的兴趣。2002年7月，哈尔滨大丰收餐饮店在北京开业时（以经营东北民猪肉菜肴为主），他还带领中国农业大学王连纯、王楚端教授参加开业活动，并在会上讲了东北民猪的肉质特性，还充满感情地说：“东北民猪保存到现在，黑龙江的同志们立功了！”（赵刚，2014）

4. 当江苏农学院（现扬州大学）已故张熙教授接到黑龙江科学技术出版社1989年出版的《东北民猪研究》一书时，立即回信说：“把中国的地方猪种研究写成专著出版，这在中国是首次”，并不断地告诫：“抓住东北民猪不放，千万不可放弃。”（赵刚，2014）

5. 已故著名动物遗传学家盛志廉教授多次到兰西县种猪场指导工作，亲自写信给时任兰西县委书记王景顺（曾任兰西县种猪场第4任场长），提出有关东北民猪工作的建议，还到哈尔滨市周围几个饲养民猪的养猪场参观调查。齐守荣、陈润生、王林云、赵书广、陈清明和已故杜希孔教授都曾亲临兰西县种猪场指导工作（赵刚，2014）。

6. 老一辈民猪科研工作者——赵刚教授从1971年起至今，50年间不断地向各级领导、群众宣传东北民猪，推广民猪，指导民猪生产，以引起各方面的重视、支持；还不断地撰写民猪相关文章，举办养猪学习班，与报社、电台联系进行科普宣传，推广巩固东北民猪的饲养和开发利用。这些年的工作对巩固东北民猪的数量和质量及东北民猪的发展做出了卓越贡献。

二、新一代民猪科研团队的继承、求索和创新

1. 黑龙江省农业科学院刘娣教授带领团队继承前辈吃苦奉献的精神，不断求索创新，到偏远地区搜集猪种资源，鉴定提纯，在东北已拥有民猪国家级保种场的基础上，建立了黑龙江省农业科学院的民猪核心群、创新试验站。联合吉林省农业科学院、东北农业大学等单位的专家学者共同攻关，致力于民猪资源的保护研发，经过多年努力使其从保种状态发展到产业化生产。她带领团队从探索民猪优异种质特性遗传机制入手，同时进行杂交育种及养殖技术研究配套和产业化推动。她作为带头人，以黑龙江省农业科学院畜牧研究所为主体，联合东北地区从事民猪研究的人员和相关企业组成团队，凝聚力量，多年坚持，全力攻关，其“民猪优异种质特性遗传机制、新品种培育及产业化”项目荣获2017年度国家科学技术进步奖二等奖。

2. 吉林省农业科学院畜牧分院张树敏研究员带领团队，自1985年历经23年，以东北民猪为母本、长白猪为第一父本、杜洛克为第二父本培育出松辽黑猪。2009年，松辽黑猪经国家畜禽遗传资源委员会审定，由中华人民共和国农业部公告并颁发松辽黑猪新品种（配套系）证书（农业部第1325号公告），并于2011年入选《中国畜禽遗传资源志·猪志》。

第二节　民猪的保种与杂交利用

一、民猪的保种

（一）民猪保种场

黑龙江省拥有国家级畜禽遗传资源保种场——兰西县种猪场，是唯一一家国家级民猪保种场，场内民猪保种母猪群存栏量为200头，种公猪存栏量为78头，8个家系。

（二）民猪科研繁育场

黑龙江省农业科学院、东北农业大学、黑龙江省农垦科学院、黑龙江大兴安岭地区农业林业科学研究院等科研机构、院校均致力于民猪资源研究与开发利用工作，民猪可繁母猪存栏量为150余头，公猪存栏量为20余头，为科研试验提供素材。

（三）民猪养殖企业

据不完全统计，黑龙江省民猪及其杂交猪年出栏量近20万头，黑龙江信诚龙牧农业发展有限公司、伊春宝宇农业科技有限公司、黑龙江省云宴三花猪畜牧食品有限责任公司、哈尔滨市双城区金珠家庭农场等多家企业进行民猪及其杂交猪的养殖及产业化开发，打造“巴民壹号”“宝宇雪猪”“三花猪”等多个知名品牌。其中，黑龙江信诚龙牧农业发展有限公司年出栏巴民杂交猪4万余头，伊春宝宇农业科技有限公司年出栏巴民杂交猪5万余头，极大地促进了民猪品种资源保护和民猪产业化发展。

二、民猪的杂交利用进展情况

（一）民猪杂交猪的繁殖性能研究进展

据《中国畜禽遗传资源志·猪志》和《中国猪品种志》记载，从20世纪70年代后期到2007年，民猪的繁殖性能有所变化，初产母猪的窝产仔猪数有所下降，从11.04头下降到10.12头；经产母猪窝产仔猪数有所提高，从13.54头提高到14.88头。而金鑫等（2017）对吉林省7个养殖场的193窝民猪的繁殖性能进行了统计，发现平均窝产仔猪数下降到13.3头，窝平均断奶仔猪成活数仅为10.44头，原因可能是相关猪场对民猪的纯繁缺少连续性、规范性的选育工作，“重杂交、轻纯繁”思想，外来猪种的血液已混入到民猪血统中。

民猪经常被作为杂交育种的母本应用到实际生产中。蔡玉环和何勇（1990）利用1986—1990年兰西县种猪场春季经产母猪正常繁殖的产仔哺乳记录600窝的资料，比较民猪与其他猪种的繁殖情况以及与不同猪种的杂交效果发现，民猪母猪与哈尔滨白猪和长白猪公猪杂交窝产仔总数均高于父本品种猪的产仔数，差异极显著。哈尔滨白猪母猪与民猪公猪杂交窝产仔总数比哈尔滨白猪多1.23头，差异极显著。长白猪母猪与民猪公猪杂交窝产仔总数低于长白猪纯种猪的产仔数，但因窝数少不能代表这一杂交组合的繁殖力。二、三元杂种仔猪断奶个体重均超过纯民猪仔猪，种间差异极显著。民猪母猪与长白猪和哈尔滨白猪公猪交配的产仔数和仔猪断奶成活数均高于父本猪种，并达到纯种民猪的水平。但长白猪和哈尔滨白猪母猪与民猪公猪交配的产仔数，一般低于民猪母猪，但超过长白猪和哈尔滨白猪母猪本交的仔猪数。可以看出，民猪具有繁殖力高的遗传性，并且有很好的杂交改良效果。

张晶晶（2018）跟踪民猪与巴克夏杂交的4个世代的巴民杂交猪繁殖性能发现：G1到G4世代，巴民杂交猪初产母猪的窝产仔猪数由（9.87±1.96）头提高到（10.57±1.53）头，提高了7.09%；巴民杂交猪经产母猪的窝产仔猪数由（10.42±1.64）头提高到（11.23±1.37）头，提高了7.77%；产活仔数提高了0.4头（$P>0.05$），断奶活仔数提高了0.57头（$P<0.05$），出生窝重增加了11.95%（$P<0.05$），21日龄窝重增加了4.32%（$P>0.05$），断奶窝重增加了6.79%（$P<0.05$），成活率提高了5.56%（$P<0.05$）。

（二）民猪杂交猪的育肥性能研究进展

不同民猪杂交猪的育肥性能各不相同。查阅文献发现，民猪杂交猪育肥性能的研究多集中在表观性状，而机制研究相对较少。以民猪为母本与长白猪公猪杂交的一代杂种猪，在试验期间，其生长速度、饲料消耗和瘦肉率均优于母本。在民猪和含有民猪血液较多地方猪分布区域内，以民猪为母本与瘦肉型长白猪公猪杂交生产商品瘦肉型猪已普遍开展，取得了巨大的经济和社会效益，并受到广大养猪户的欢迎。以民猪和长白猪为父本、母本进行正反交试验，并对比一代杂种猪的育肥效果发现，长民一代正交杂种猪与民长一代反交种猪各项育肥和屠宰指标在统计上差异不显著。民猪同长白猪和哈尔滨白猪杂交，不论民猪作母本或父本，只要含民猪50%的血液，其正反杂种后代育肥性能和胴体组织都是相同的。反映肌肉生长的腿臀比、眼肌面积和瘦肉率等项目，正反一代杂种猪明显高于民猪，但低于长白猪和三元杂种猪。这表明民猪与长白猪杂交一代在提高肌肉生长和减少民猪皮厚方面有明显效果。长白猪和民猪正反交一代杂种猪育肥性能和胴体组织是一致的，这一结论对促进民公猪推广和扩大民猪的利用范围，具有重要实际意义（胡殿全，1991）。

张微等（2012）研究发现，随着民猪血统在杂交猪血统中所占比例的增加，杂种猪的瘦肉率、屠宰率和眼肌面积逐渐降低，而皮下脂肪率、背膘厚度和板油率则逐渐增加。张晶晶（2018）跟踪4个世代的巴民猪发现，4世代的饲料转化率为3.03，平均日增重为690 g，倒数第3、4肋的背膘厚度为2.98 mm，G4世代较G_1世代的日增重增加39 g，屠宰率增加2.74%，饲料消耗率降低2.57%，瘦肉率增加6.34%，100 kg体重的背膘厚降低4.18%（$P<0.05$），眼肌面积增加6.51%。黄宣凯等（2016）通过对民猪、杜民、杜民杜民、大杜民等杂交猪的育肥性能进行比较分析发现，杂交猪的平均日增重均显著高于民猪（$P<0.05$），而饲料转化率显著降低（$P<0.05$），说明含有民猪血统的杂交猪保持了引进品种的生长速度快的优点。Wang等（2014）对民猪与大约克夏猪杂交的F_2群体进行研究发现，*HMGA1*和*SCUBE3*是影响猪体长、体高、臀围的候选基因。

（三）民猪杂交猪的猪肉品质研究进展

安徽农业大学张伟力教授曾这样评价民猪猪肉："瘦如挂线纹理直，肥如珊瑚水晶石"。因此，以民猪为母本进行的杂交试验，猪肉品质都有不同程度的改善，原因可能是肌纤维类型及组成差异、肌纤维和脂肪细胞物理结构、肌红蛋白和胶原蛋白含量以及遗传因素等影响了肉质性状。

在研究民猪、长白猪及其二、三元杂种猪肉质特点的试验中（胡殿金等，1991），包括对肌肉酸度、失水率、肉色、肌肉大理石纹、熟肉率以及背最长肌、肾周脂肪、皮下脂肪（含肌间）的化学组成和含热量的测定，结果见表2-1至表2-4，为民猪利用和开展商品瘦肉型猪生产提供了科学依据。

表2-1 肌肉品质测定比较

项目	民猪（M×M）	长白猪（L×L）	杜民猪（D×M）	长民猪（L×M）	长杜民（L×DM）	*F*
pH_1	6.100	5.967	6.033	6.000	5.983	1.983 8
失水率（%）	14.61	12.488	10.086	14.668	9.327	0.326 6
肌肉颜色	3.083[a]	2.330[b]	2.917	2.833[a]	2.700[ab]	7.538 2*
肌肉大理石纹	3.500	3.167	3.167	3.500	3.500	0.882 4
熟肉率	56.867	62.90	67.477	62.720	59.477	9.777 8

注：①*差异显著（$P<0.05$）；无标记为差异不显著（$P>0.05$）。②肩注字母相同者表示种间差异不显著（$P>0.05$）；字母不同者表示种间差异显著（$P<0.05$）或极显著（$P<0.01$）。③×表示交配，M表示民猪，L表示长白猪，D表示杜洛克猪，下同。

表 2-2　背最长肌化学组成和含热量

项目	民猪（M×M）	长白猪（L×L）	杜民猪（D×M）	长民猪（L×M）	长杜民（L×DM）	F
水分（%）	67.208[c]	71.32[a]	58.648[bc]	70.404[ab]	72.128[a]	5.569 8**
干物质（%）	32.792[a]	28.680[c]	31.354[ab]	25.596[bc]	27.872[c]	5.569 8**
粗蛋白质（%）	22.206[a]	22.356[a]	20.676[b]	21.902[a]	22.374[a]	3.393 9*
粗脂肪（%）	9.788[a]	5.75[b]	19.928[a]	6.464[b]	5.756[b]	13.152 8**
能量（MJ/kg）	7.971[a]	7.183[b]	8.088[a]	7.531[ab]	6.535[c]	8.775 6**

注：**表示差异极显著（$P<0.01$）。以下同。

表 2-3　肾周脂肪化学组成和含热量

项目	民猪（M×M）	长白猪（L×L）	杜民猪（D×M）	长民猪（L×M）	长杜民（L×DM）	F
水分（%）	6.888	5.236	6.582	5.324	6.958	2.058 9
干物质（%）	93.112	94.764	93.418	94.676	93.042	2.058 9
粗脂肪（%）	90.050	91.267	90.244	91.950	91.030	0.633 4
能量（MJ/kg）	36.613	36.568	36.376	36.376	37.041	0.262 0

表 2-4　皮下脂肪（含肌间）化学组成和含热量

项目	民猪（M×M）	长白猪（L×L）	杜民猪（D×M）	长民猪（L×M）	长杜民（L×DM）	F
水分（%）	13.474	12.018	14.636	14.514	14.533	2.399 4
干物质（%）	86.256	87.982	85.364	85.486	85.462	2.399 3
粗脂肪（%）	83.314	83.996	79.022	83.050	80.952	2.671 4
能量（MJ/kg）	33.271	33.936	31.459	33.066	32.079	2.856 0

结果显示，各猪种肌肉酸度（pH_1）为5.967～6.100，均属正常范围，种间差异不显著；失水率为9.327%～14.668%，种间差异同样不显著，民猪肉色明显优于长白猪，二、三元杂种猪肉色也优于长白猪；民猪肌肉大理石纹优于长白猪，长民猪和长杜民猪接近民猪。

民猪肉色鲜红，大理石纹分布均匀，是民猪肉色、香、味俱佳和深受消费者欢迎的重要因素，二、三元杂种猪肉色处于二亲本中间，表明以民猪为母本与长白猪杂交对肉色未有明显影响。

民猪肌肉含水量最低，干物质、粗脂肪和热量高于长白猪。长白猪肌肉含水量高于民猪，干物质、粗脂肪和热能低于民猪，二、三元杂种猪处于双亲本中间。肌肉化学组成不仅反映了猪种间的差异，还说明了民猪肌肉大理石纹和脂肪丰富的内在原因。

肾周和皮下脂肪化学组成猪种间经方差分析显示差异均不显著，表明民猪、长白猪及其二、三元杂种猪肾周和皮下脂肪组成基本相同，但肾周脂肪干物质、粗脂肪和含热量高于皮下脂肪，如民猪、长白猪、杜民猪、长民猪和长杜民猪肾周脂肪干物质含量分别比同一猪种皮下脂肪干物质多6.56%、6.75%、5.05%、9.19%和7.55%。可以看出，以民猪为母本与瘦肉型猪杂交，不仅能提高商品瘦肉型猪的瘦肉率，而且不降低肉质的品质。

李忠秋等（2019）研究了同体重和同日龄的民猪与大约克夏猪发现，背最长肌中4种肌球蛋白重链亚型表达具有明显差别，民猪MyHCⅠ、MyHCⅡa、MyHCⅡx型表达显著增高（$P<0.05$），MyHCⅡb型表达显著降低（$P<0.05$），说明民猪氧化型纤维含量显著高于大约克夏猪，而酵解型纤维含量显著低于大约克夏猪。陈信彰（2015）、冯会中和孙超（2019）研究发现，猪背最长肌中肌红蛋白和胶原蛋白含量对于肌肉品质具有重要影响，其中肌肉可溶性胶原蛋白与剪切力值呈极显著负相关（$P<0.01$）。陈信彰发现民猪及其杂交猪的肌纤维直径、肌纤维面积、肌束膜厚度均极显著低于杜长大杂交猪（$P<0.01$），肌内脂肪细胞直径、面积、体积极显著高于杜长大杂交猪（$P<0.01$），说明含民猪血统的杂交猪肌肉组织学结构在肉质改善中起到了决定性作用。侯万文等人（2015）的试验结果表明，在同一饲养条件下，巴民（2.67%）、巴巴民（2.10%）、杜巴民（2.70%）等杂交猪的平均肌内粗脂肪含量明显高于大约克夏猪（2.05%）（$P<0.05$），验证了陈信彰的发现。张晶晶（2018）研究发现巴民杂交猪G4较G1世代的失水率降低7.07%（$P<0.05$），熟肉率增加5.72%，滴水损失降低9.71%，剪切力增加34.46%（$P<0.05$）；巴民杂交猪氨基酸总量、亚油酸较巴克夏分别提高3.21%、5.83%。王文涛等（2018）研究发现，巴民杂交猪肉色的亮度L^*值和黄度b^*均显著高于大约克夏猪（$P<0.05$）。氨基酸总量高于大约克夏猪，这与张晶晶研究结果相似。何鑫淼和刘娣（2013）、吴赛辉（2013）通过皮特兰猪与民猪杂交，发现皮民杂交猪能够很好地继承民猪的

优良肉质特性。

（四）以民猪为杂交母本提高商品猪胴体瘦肉率的研究

赵刚和王景顺（1986）以东北民猪为母本，杜洛克猪为父本，通过杂交方法提高商品猪胴体瘦肉率。试验分别在兰西县种猪场、牡丹江农校农场及部分专业大户进行，分为初试、中试、大试推广3个阶段。供试猪情况见表2-5。

表2-5　供试猪情况

年度	组合	头数（头）	平均日龄	平均重（kg）
1983	杜民	6	84	20.0±0.52
1983	民民	6	84	20.0±0.52
1984	杜民	150	84	23.1±0.53
1984	民民	312	85	22.14±0.35

按试验要求对胴体瘦率肉、生长速度、饲料转化率及部分肉质进行测定，结果如下：

1. 增重和饲料消耗　初试杜民组平均日增重为516.9 g，每千克增重耗料量为3.928 kg，民猪对照组为470.6 g，耗料量为4.179 kg。中试日增重为520.5 g，每千克增重耗料为3.927 kg。大试测定群平均日增重为520 g，每千克增重耗料量为3.890 kg（表2-6）。

表2-6　增重和饲料消耗

年份	组合	头数（头）	始重（kg）	终重（kg）	日增重（g）	达90 kg日龄	料重比
1983	杜民	6	20.0±0.52	89.9±0.60	516.9±16.03	218	3.928
1983	民民	6	20.0±0.52	87.5±1.65	470.6±21.0	233	4.179
1984	杜民	150	23.1±0.53	92.3±0.17	520.5	213	3.927
1985	杜民	312	22.14±0.35	90.33±0.55	520	205	3.890

2. 屠宰测定结果　初试时每组屠宰4头，中试和大试分层抽样，抽取不同窝、不同血统的个体屠宰。据初试、中试、大试测得：民猪（初试）瘦肉率为48.5%，而杜民组的瘦肉率分别为55.5%、56.74%和56.63%，比民猪平均高7.79个百分点，差异显著（$P<0.05$）。屠宰率和眼肌面积比民猪都有明显的提高，差异显著（$P<0.05$），但后腿比例与民猪差异不显著（表2-7、表2-8）。

表 2-7 胴体性状

测定项	杜民	民民
头数（头）	30	4
宰前重（kg）	91.6±0.80	87.5±0.80
空腹体重（kg）	89.12	82.0±0.70
胴体重（kg）	66.62±0.81	61.34±0.70
屠宰率（%）	74.75±0.58	70.1±0.43
胴体直长（cm）	91.5±0.75	73.0±0.40
眼肌面积（cm^2）	26.56±0.25	22.1±1.60
后腿比例（%）	29.19±0.48	28.2±0.40
板油比例（%）	3.01±0.13	4.10±0.25
6～7 肋背膘厚（cm）	3.43±0.12	3.64±0.31
6～7 肋皮厚（cm）	0.27±0.01	0.52±0.02

表 2-8 骨、肉、脂、皮比例

组合	左半胴体重（kg）	占左半胴体重的比例（%）			
		骨	肉	脂	皮
杜民	33.12±0.81	9.46±0.27	56.29±0.75	26.4±1.71	7.58±0.15
民民	28.00±0.15	10.8±0.31	48.5±1.50	27.2±1.62	13.46±1.11

试验结果表明，杜洛克与民猪杂交瘦肉率可达55%以上，而且比较稳定。证明在商品瘦肉猪生产中，以杜洛克猪为父本、民猪为母本生产的杜民杂交猪是较理想的杂交组合。

杜洛克猪对降低民猪皮厚、膘厚，提高屠宰率、眼肌面积都有明显的改良效果，与对照民猪差异显著（$P<0.05$）或极显著（$P<0.01$）。杂种猪的增重速度和饲料转化率也有一定程度的提高，每千克增重比民猪节约饲料 0.29 kg，瘦肉率比民猪提高 16.06%，大面积推广时可收到较好的效果。

利用国外猪种杂交生产瘦肉型猪，易出现肉质下降的现象，但杜民杂交猪的肉质未出现纤维过粗、适口性差、失水率高的现象。

三、民猪发展建议

1. 多点保种，保障民猪品种和遗传资源保护　为应对日益复杂的疫病环境，降低民猪品种资源保护风险，建议在国家级民猪保种场基础上，建立省级民猪活体保种场2～3家，每个保种场之间距离不低于100 km，存栏可繁母猪数不低于100头，血统数不少于3个；建立民猪遗传资源基因库，包括民猪组织、细胞、精液、胚胎等遗传材料冷冻保存。

2. 加大民猪基础猪群的规模　按现有的家系采取各家系等量留种法，大比例严格选留后备公母猪，使民猪的核心群逐步发展壮大。

3. 改进选配方式，降低近交系数的增长速度　保种场在生产实践中，不可能将引种作为降低近交系数的常规方法，拟采取分亚组轮换进行纯繁与杂交的方法，将保种群分成几个亚群，间隔若干世代在亚群间依次轮换种猪进行纯繁，控制亚群内近交系数的增长速度，降低遗传漂变的危险。

4. 适当选育淘汰有害基因　由于建立民猪保护群时血统来源较窄，经过30年的保种，群体的近交程度相对较高，隐性有害基因时有表现，有害基因组合，就会出现近交衰退，使一些优良基因丢失，导致绝种的危险。以目前的群体规模，大量淘汰会造成基因和遗传资源的巨大损失。可以通过扩群增大群体规模，再逐步淘汰有害基因，以将不利影响降到最小。

5. 扩大保种群的血统范围　民猪虽已成为濒危品种，但在黑龙江或东北地区的边远农村，仍有品种特征明显的民猪个体，应积极组织技术人员，广泛调查，深入农村边远山区，搜寻农村散养的、品种特征明显的民猪充实到保种场，扩大民猪群的血统范围，降低民猪在保种时的近交程度，这对提高民猪的保种效果十分有益。

6. 深入开展民猪优良特性的研究　继续对民猪的生产性能进行研究，使其优良特性为人类所用，进一步开展民猪繁殖生理与分子遗传学方面的研究工作，并把科研成果及时应用到生产实践中去，拓宽民猪及含民猪血统杂交猪的生产领域和应用范围。

7. 联合育种，加快民猪新品种、配套系培育　建议鼓励支持民猪工程中心、祖代场、父母代场等基础设施建设，以科研机构、院校为技术主体，企业为繁育主体，建立民猪联合育种平台体系，充分发挥民猪优良种质特性，改良其生产性能，以其肉质优良为首选指标，5～10年培育出适合黑龙江省情的新品种1个、配套系1～3个。

8. 做好保种群体的防疫工作　保种群体是宝贵的资源，经过了4个世代的选种、选育和提纯，已达到国家一级品种的标准。在生产管理环节上，做好保种群体的防疫工作尤为关键，要根据防疫程序严格防疫，采取积极措施制订防疫、驱虫、消毒灭菌制度，并严格执行，建立健全育种档案、资料。及时发现各种疫病隐患，有针对性地制订治疗方案，严防发生各种传染病。

9. 科技引领，提升民猪产品综合性能　以市场需求为导向，充分发挥科研机构、院校技术创新引领作用，通过对提高民猪年生产力、肉品品质、瘦肉率等技术的研发与推广，建立民猪特色种养模式 1～5 个，使日增重增加 50 g 以上，瘦肉率提高 5%以上，以满足市场对高优猪肉需求、企业节本增效为目的，建立健全民猪资源利用模式、养殖生产规范和产品标准。

10. 打造品牌，推进民猪肉品精深加工　鼓励发展民猪绿色化、优质化、成品化的全产业链，利用黑龙江省环境优势、生态特色，打造龙江民猪名牌 1～2 个，推进三产融合，满足市场多元化消费需求，推进订单配送、网上交易和期货市场的发展，加强渠道建设。推进民猪胴体精细分割、产品精深加工和成品半成品化发展，增加产品附加值，提高民猪产业综合效益。

第三章
民猪日粮营养

第一节　民猪典型日粮

本书中多数日粮配方是黑龙江省兰西县种猪场在养猪生产实践中多年应用并已基本稳定的日粮结构（赵刚，1989），是在该场现有饲料条件下经反复修订和生产对比不断完善的产物。

不同类型猪（不包括育肥猪）的典型日粮配方，为不同类型生产猪群提供了每天各种饲料的给量，并根据各种饲料所含的几种主要营养物质，算出消化能、可消化粗蛋白质、粗纤维和钙、磷等营养成分的含量。饲料的营养成分引自《猪饲养标准》1980年修订版的数据。

所用精饲料要求水分保持在16%以下，青粗饲料质量均为自然状态的数值。常用青饲料为青刈西黏谷、青玉米秸秆和西黏谷秸秆混贮饲料；常用粗饲料为谷糠和青干大豆秆粉，因此青粗饲料的营养数值是按这两种饲料的平均数计算所得的。

喂饲本日粮各种猪可达到以下生产水平：

种公猪：实行季节性配种，配种期公猪保持旺盛的性欲和良好的精液品质，配种能力强，全身结构正常，腹部不下垂，四肢无蹄病。

能繁母猪：保持年产仔2窝，平均产仔数14头以上，初生窝重13.5 kg，双月龄成活仔猪数10.5头，仔猪窝重125 kg以上。母猪妊娠期个体增重50 kg，哺乳期个体减重45 kg左右。

后备猪：9月龄母猪体重达90 kg，公猪体重达80 kg，当年均参加配种。

一、成年猪典型日粮

（一）种公猪日粮

1. 非配种期每头每天给量　玉米 0.63 kg，豆饼 0.3 kg，高粱糠 0.75 kg，麸皮 0.3 kg，贝粉 0.01 kg，盐 0.01 kg，混合料共计 2.0 kg；青饲料 2.0 kg；粗饲料 1.0 kg，合计 5.0 kg；能量 32.2 MJ，粗蛋白质 266.5 g，钙 14.4 g，磷 12.0 g，粗纤维 520.5 g（表 3－1）。

表 3－1　成年猪的典型日粮

饲料及营养			种公猪		繁殖母猪	
			非配种期	配种期	妊娠期	哺乳期
每头每日给量（kg）	混合料	玉米（kg）	0.63	1.0	0.75	1.22
		豆饼（kg）	0.3	1.07	0.15	1.04
		高粱糠（kg）	0.75	0.4	0.75	1.04
		麸皮（kg）	0.3	0.3	0.25	0.25
		贝粉（kg）	0.01	0.02	0.02	0.03
		盐（kg）	0.01	0.01	0.01	0.02
		小计	2.0	2.8	1.93	3.6
	青饲料		2.0	1.5	3.1	2.6
	粗饲料		1.0	0.5	1.0	0.54
	小计		5.0	4.8	6.03	6.74
日粮中营养物质的含量	能量（MJ）		32.2	40.9	25.1	50.2
	粗蛋白质（g）		266.5	515.0	234.8	571.7
	钙（g）		14.4	16.9	17.9	24.9
	磷（g）		12.0	15.3	11.5	18.6
	粗纤维（g）		520.5	374.6	567	486.6
	能量蛋白比		28.90	19.00	34.10	22.20

通过换算，民猪种公猪的非配种期配合饲料营养指标为：能量 10.7 MJ/kg，粗蛋白质 8.8%，钙 0.48%，磷 0.4%，粗纤维 17.3%。

2. 配种期每头每天给量　玉米 1.0 kg，豆饼 1.07 kg，高粱糠 0.4 kg，麸皮 0.3 kg，贝粉 0.02 kg，盐 0.01 kg，混合料共计 2.8 kg；青饲料 1.5 kg；粗饲料0.5 kg，合计 4.8 kg；能量 40.9 MJ，粗蛋白质 515.0 g，钙 16.9 g，磷 15.3 g，

粗纤维 374.6 g。

通过换算，民猪种公猪的配种期配合饲料营养指标为：能量 15.09 MJ/kg，粗蛋白质 24.5%，钙 0.8%，磷 0.73%，粗纤维 17.8%。

（二）繁殖母猪日粮

1. 妊娠期每头每天给量　玉米 0.75 kg，豆饼 0.15 kg，高粱糠 0.75 kg，麸皮 0.25 kg，贝粉 0.02 kg，盐 0.01 kg，混合料共计 1.93 kg；青饲料 3.1 kg；粗饲料 1.0 kg，合计 6.03 kg；能量 25.1 MJ，粗蛋白质 234.8 g，钙 17.9 g，磷 11.5 g，粗纤维 567.0 g。通过换算，民猪繁殖母猪的妊娠期配合饲料营养指标为：能量 8.5 MJ/kg，粗蛋白质 8.0%，钙 0.6%，磷 0.39%，粗纤维 19.2%（表 3－1）。

2. 哺乳期每头每天给量　玉米 1.22 kg，豆饼 1.04 kg，高粱糠 1.04 kg，麸皮 0.25 kg，贝粉 0.03 kg，盐 0.02 kg，混合料共计 3.6 kg；青饲料 2.6 kg；粗饲料 0.54 kg，合计 6.74 kg；能量 50.2 MJ，粗蛋白质 571.7 g，钙 24.9 g，磷 18.6 g，粗纤维 486.6 g。通过换算，民猪繁殖母猪的哺乳期配合饲料营养指标为：能量 11.8 MJ/kg，粗蛋白质 13.3%，钙 0.58%，磷 0.43%，粗纤维 11.3%。

二、仔猪典型日粮

1～60 日龄仔猪（＜20 kg）典型日粮（表 3－2）：玉米 45.1%，豆饼 21.7%，高粱 25%，麸皮 6.7%，贝粉 1.0%，盐 0.5%。仔猪日粮营养物质含量：能量 12.71 MJ，粗蛋白质 125.8 g，钙 5.22 g，磷 4.37 g，粗纤维 46.97 g，日平均给量 0.167 kg。

表 3－2　仔猪典型日粮

饲料种类	百分比（%）	能量（MJ）	粗蛋白质（g）	钙（g）	磷（g）	粗纤维（g）	1～60 日龄总给量（kg）	日平均给量（kg）
玉米	45.1	6.338 7	26.6	0.45	1.26	9.47	4.51	0.075
豆饼	21.7	2.032 9	76.4	0.61	1.28	13.2	2.17	0.036
高粱	25	3.527 1	15.5	0.75	1.1	17.3	2.5	0.041
麸皮	6.7	0.811 6	7.3	0.15	0.73	7.0	0.67	0.010
贝粉	1.0			3.26			0.1	0.002
盐	0.5						0.05	0.001
合计	100	12.71	125.8	5.22	4.37	46.97	10.10	0.167

三、后备猪典型日粮

后备猪典型日粮 3～4 月龄，体重 20～35 kg。日粮配方：玉米 45%，豆饼 20%，高粱糠 25%，麸皮 8.5%，贝粉 1%，盐 0.5%。每天喂量：混合料 1.05 kg，青饲料 0.15 kg，粗饲料 0.15 kg，合计 1.35 kg。后备猪生后 9 月龄母猪体重 80 kg，当年均参加配种。日粮营养物质含量：能量 14.468 MJ，粗蛋白质 133.5 g，钙 6.49 g，磷 5.05 g，粗纤维 93.9 g（表 3－3）。

表 3－3　后备猪典型日粮

饲料及营养		3～4 月龄 体重 20～35 kg	5～6 月龄 体重 35～60 kg	7～9 月龄 体重 60～90 kg
混合料配合比例	玉米（%）	45	40.5	37
	豆饼（%）	20	18	16
	高粱糠（%）	25	30	35
	麸皮（%）	8.5	10	10
	贝粉（%）	1	1	1.2
	盐（%）	0.5	0.5	0.8
	合计（%）	100	100	100
每日喂量	混合料（kg）	1.05	1.6	2.0
	青饲料（kg）	0.15	0.75	1.2
	粗饲料（kg）	0.15	0.25	0.3
	合计（%）	1.35	2.60	3.50
日粮中营养物质含量	能量（MJ）	14.468	22.685	28.375
	粗蛋白质（g）	133.5	205	248.5
	钙（g）	6.49	11.66	16.74
	磷（g）	5.05	8.22	10.39
	粗纤维（g）	93.9	160.9	215.2

后备猪典型日粮 5～6 月龄，体重 35～60 kg。日粮配方：玉米 40.5%，豆饼 18%，高粱糠 30%，麸皮 10%，贝粉 1%，盐 0.5%。日粮营养物质含量：混合料 1.6 kg，青饲料 0.75 kg，粗饲料 0.25 kg，合计 2.6 kg。日粮中含营养物质：能量 22.685 MJ，粗蛋白质 205 g，钙 11.66 g，磷 8.22 g，粗纤维 160.9 g。

后备猪典型日粮 7～9 月龄，体重 60～90 kg。日粮配方：玉米 37%，豆饼 16%，高粱糠 35%，麸皮 10%，贝粉 1.2%，盐 0.8%。每天喂量：混合料 2.0 kg，青料 1.2 kg，粗料 0.3 kg，合计 3.50 kg。日粮中含营养物质：能量 28.375 MJ，粗蛋白质 248.5 g，钙 16.74 g，磷 10.39 g，粗纤维 215.2 g。

第二节　民猪杂交猪饲料配方

一、二元杂交猪饲料配方

辽宁省畜牧兽医研究所 1974—1977 年试验数据（赵刚，1989）：每组 8 头，93 日龄开始，243 日龄结束，整个试验期为 150 d，试验猪增重和饲料消耗情况见表 3-4。

表 3-4　民猪不同二元杂交组合试验增重及饲料消耗情况

组合		体重与增重				育肥期饲料总消耗（kg）			每千克增重消耗	
父本	母本	始重（kg）	末重（kg）	总增重（kg）	日增重（g）	混合料	青饲料	粗饲料	混合料（kg）	能量（MJ）
大约克夏	民猪	20.27	104.2	82.95	560	217.43	297.1	64.48	2.59	44.77
长白	民猪	18.20	96.02	77.82	517	205.44	277.0	61.48	2.64	45.81
苏白	民猪	21.32	96.16	74.84	499	202.07	268.7	57.63	2.70	45.61
巴克夏	民猪	18.25	88.17	69.92	466	223.04	291.5	62.93	3.19	53.89
克米	民猪	23.62	94.22	70.60	471	211.09	281.7	62.82	2.99	51.67
大约克夏	大约克夏	16.83	84.44	67.61	451	185.25	261.0	54.76	2.74	48.33
长白	长白	17.24	79.53	62.29	415	196.84	259.1	57.31	3.16	54.31
苏白	苏白	18.86	81.29	62.43	416	183.54	254.1	56.19	2.94	52.84
巴克夏	巴克夏	17.06	72.63	55.57	371	194.50	261.2	58.35	3.50	61.00
克米	克米	22.50	96.57	74.07	494	279.98	288.9	64.44	3.78	55.77
民猪	民猪	16.26	78.01	61.75	412	185.25	248.9	56.19	3.00	51.88

试验猪不同时期饲料配合比例见表 3-5，以下配方日粮中添加贝粉 2%和食盐 1%。

表 3-5　不同时期饲料配方

配方	日龄	玉米（%）	高粱（%）	豆粕（%）	高粱糠（%）	谷糠（%）	玉米秸粉（%）	白菜（%）	每千克饲料中		粗蛋白质（%）	粗纤维（%）
									能量（MJ）	可消化粗蛋白质（g）		
Ⅰ	90～149	24	12	12		10		42	6.77	85	8.43	5.47
Ⅱ	150～209	22		8			13	57	4.91	62	6.49	5.29
Ⅲ	210～239	25		8	7	10		50	6.16	65	6.69	5.55

二、民猪杂交猪阶段性饲料配方

1. 断奶仔猪（30～70 日龄）饲料配方（表 3-6）

表 3-6　断奶仔猪（30～70 日龄）饲料配方

原料	猪消化能（MJ/kg）	有效磷（%）	钙（%）	粗纤维（%）	粗脂肪（%）	粗蛋白质（%）	赖氨酸（%）	蛋氨酸（%）	胱氨酸（%）	苏氨酸（%）	色氨酸（%）	添加量（kg）
玉米	14.23	0.09	0.16	2.6	5.3	8.5	0.36	0.15	0.18	0.3	0.08	520
豆粕	14.27	0.18	0.33	5.2	1.9	44	2.68	0.59	0.65	1.94	0.64	140
膨化大豆粉	17.75	0.25	0.32	4.6	18.7	35.5	2.37	0.55	0.76	1.42	0.49	100
小麦麸	12.64	0.24	0.11	8.9	3.9	14.3	0.58	0.13	0.26	0.43	0.2	40
乳清粉	14.40	0.68	0.2	0.7	2.2	4.9	1.65	0.59	2.93	3.51	0.4	40
进口鱼粉	12.56	3.05	3.96	0.5	4	62.5	5.12	1.66	0.55	2.78	0.75	30
发酵豆粕	13.44	0.15	0.08	2.8	2.1	44.6	0.52	0.16	0.33	0.5	0.18	80
98%赖氨酸	0	0	0	0	0	98	73	0	0	0	0	3.5
蛋氨酸	0	0	0	0	0	98	0	98	0	0	0	0.7
石粉	0	0	38	0	0	0	0	0	0	0	0	20
磷酸氢钙	0	16	21			0	0	0	0	0	0	11
盐	0	0		0	0	0	0		0	0	0	3
氯化胆碱	6.24	0.19	1.34	29.8	2.1	30	0.6	0.18	0.15	0	0	1
苏氨酸	0	0		0		98	0	0	0	98	0	0.8
预混料	0	0	0	0	0	0	0	0	0	0	0	10
日粮中营养物质含量	13.71	0.41	1.29	3.19	5.43	20.86	1.34	0.38	0.43	0.93	0.24	1 000.00

2. 民猪杂交猪 15～30 kg 体重饲料配方（表 3－7）

表 3－7　民猪杂交猪 15～30 kg 体重饲料配方

原料	消化能 (MJ/kg)	有效磷 (%)	钙 (%)	粗纤维 (%)	粗脂肪 (%)	粗蛋白质 (%)	赖氨酸 (%)	蛋氨酸 (%)	胱氨酸 (%)	苏氨酸 (%)	色氨酸 (%)	添加量 (kg)
玉米	14.23	0.09	0.16	2.6	5.3	8.5	0.36	0.15	0.18	0.3	0.08	580
豆粕	14.27	0.18	0.33	5.2	1.9	44	2.68	0.59	0.65	1.94	0.64	180
米糠饼	12.52	0.22	0.14	3.4	9	11.7	0.66	0.26	0.3	0.53	0.17	40
DDGS	14.36	14.36	0.2	7.1	13.7	25.3	0.59	0.59	0.39	0.92	0.19	40
小麦麸	12.64	0.24	0.11	8.9	3.9	14.3	0.58	0.13	0.26	0.43	0.2	70
胚芽粕	13.73	1.23	0.06	6.5	2	21	0.79	0.82	0.68	0.79	0.86	40
98%赖氨酸	0	0	0	0	0	98	73	0	0	0	0	2.6
蛋氨酸	0	0	0	0	0	98	0	98	0	0	0	1
石粉	0	0	38	0	0	0	0	0	0	0	0	20
磷酸氢钙	0	16	21			0	0	0	0	0	0	12
盐	0	0		0	0	0	0		0	0	0	3
氯化胆碱	6.24	0.19	1.34	29.8	2.1	30	0.6	0.18	0.15	0	0	1
苏氨酸	0	0		0		98	0	0	0	98	0	0.4
预混料	0	0	0	0	0	0	0	0	0	0	0	10
日粮中营养物质含量	13.34	0.37	1.19	3.78	4.68	16.59	1.00	0.37	0.29	0.68	0.22	1 000.00

3. 民猪杂交猪 31～80 kg 体重（架子猪）饲料配方（表 3－8）

表 3－8　民猪杂交猪 31～80 kg 体重（架子猪）饲料配方

原料	消化能 (MJ/kg)	有效磷 (%)	钙 (%)	粗纤维 (%)	粗脂肪 (%)	粗蛋白质 (%)	赖氨酸 (%)	蛋氨酸 (%)	胱氨酸 (%)	苏氨酸 (%)	色氨酸 (%)	添加量 (kg)
玉米	14.23	0.09	0.16	2.6	5.3	8.5	0.36	0.15	0.18	0.3	0.08	592
豆粕	14.27	0.18	0.33	5.2	1.9	44	2.68	0.59	0.65	1.94	0.64	40
玉米蛋白饲料	10.38	0	0.15	7.8	7.5	19.3	0.63	0.29	0.33	0.68	0.14	80
米糠饼	12.52	0.22	0.14	3.4	9	11.7	0.66	0.26	0.3	0.53	0.17	40
DDGS	14.36	0.42	0.2	7.1	13.7	25.3	0.59	0.59	0.39	0.92	0.19	40
小麦麸	12.65	0.24	0.11	8.9	3.9	14.3	0.58	0.13	0.26	0.43	0.2	80
菌体蛋白	10.17	0.22	0.14	1.4	9	44.7	0.66	0.26	0.3	0.53	0.17	20
胚芽粕	13.73	1.23	0.06	6.5	2	21	0.79	0.82	0.68	0.79	0.86	40

（续）

原料	消化能（MJ/kg）	有效磷（%）	钙（%）	粗纤维（%）	粗脂肪（%）	粗蛋白质（%）	赖氨酸（%）	蛋氨酸（%）	胱氨酸（%）	苏氨酸（%）	色氨酸（%）	添加量（kg）
羽毛粉	11.59	0.68	0.2	0.7	2.2	77.9	1.65	0.59	2.93	3.51	0.4	20
98%赖氨酸	0	0	0	0	0	98	73	0	0	0	0	3.2
蛋氨酸	0	0	0	0	0	98	0	98	0	0	0	0.4
石粉	0	0	38	0	0	0	0	0	0	0	0	20
磷酸氢钙	0	16	21			0	0	0	0	0	0	10
盐	0	0		0	0	0	0		0	0	0	3
氯化胆碱	6.24	0.19	1.34	29.8	2.1	30	0.6	0.18	0.15	0	0	1
苏氨酸	0	0		0		98	0	0	0	98	0	0.4
预混料	0	0	0	0	0	0	0	0	0	0	0	10
日粮中营养物质含量	12.90	0.33	1.12	3.84	5.34	14.67	0.78	0.27	0.30	0.55	0.16	1 000.00

4. 民猪杂交猪 81 kg 体重至出栏饲料配方（表 3-9）

表 3-9　民猪杂交猪 81 kg 体重至出栏饲料配方

原料	消化能（MJ/kg）	有效磷（%）	钙（%）	粗纤维（%）	粗脂肪（%）	粗蛋白质（%）	赖氨酸（%）	蛋氨酸（%）	胱氨酸（%）	苏氨酸（%）	色氨酸（%）	添加量（kg）
玉米	14.23	0.09	0.16	2.6	5.3	8.5	0.36	0.15	0.18	0.3	0.08	571
玉米蛋白饲料	10.38	0	0.15	7.8	7.5	19.3	0.63	0.29	0.33	0.68	0.14	100
米糠饼	12.52	0.22	0.14	3.4	9	11.7	0.66	0.26	0.3	0.53	0.17	170
DDGS	14.36	0.42	0.2	7.1	13.7	25.3	0.59	0.59	0.39	0.92	0.19	20
小麦麸	12.64	0.24	0.11	8.9	3.9	14.3	0.58	0.13	0.26	0.43	0.2	80
胚芽粕	13.73	1.23	0.06	6.5	2	21	0.79	0.82	0.68	0.79	0.86	10
羽毛粉	11.59	0.68	0.2	0.7	2.2	77.9	1.65	0.59	2.93	3.51	0.4	10
98%赖氨酸	0	0	0	0	0	98	73	0	0	0	0	2
石粉	0	0	38	0	0	0	0	0	0	0	0	14
磷酸氢钙	0	16	21			0	0	0	0	0	0	8
盐	0	0		0	0	0	0		0	0	0	4
氯化胆碱	6.4	0.19	1.34	29.8	2.1	30	0.6	0.18	0.15	0	0	1
预混料	0	0	0	0	0	0	0	0	0	0	0	10
日粮中营养物质含量	12.85	0.26	0.85	3.80	5.94	11.64	0.61	0.20	0.25	0.43	0.12	1 000.00

第四章
民猪饲养管理

规模民猪猪场要坚持自繁自养的方针，以减少疾病的传播，为仔猪、育肥猪的生产奠定良好的基础。为提高民猪种猪的生产性能，提高养殖经济效益，必须注重种猪的饲养管理。选择优秀的后备种猪群和建立稳定的核心群，通过严格的选育后备猪只提高群体生产性能。

第一节　民猪场管理软件

一、软件情况

基于 Netbeans 平台，利用 MyBatis 框架进行单机的民猪场生产统计，并与 Sqlite 数据库进行链接。该系统具有计算查看配种返情率、配种分娩率、胎均总产仔数、胎均活产仔数、出生活体个重、出生活体个数等功能。各功能模块需求分析及数据库设计见下面内容。

二、相关功能

操作要求，对于民猪的基本信息进行统计，完成基本信息的导出，并且提供快速打印窗口。目的是统计民猪基本信息数据，方便以后管理员掌握猪场动态。

1. 配种返情率（图 4-1）

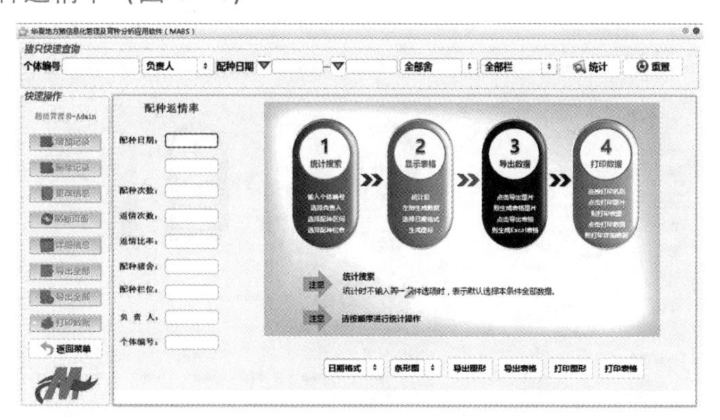

图 4-1 地方猪信息化管理及育种分析应用软件（配种返情率）

2. 配种分娩率（图 4-2）

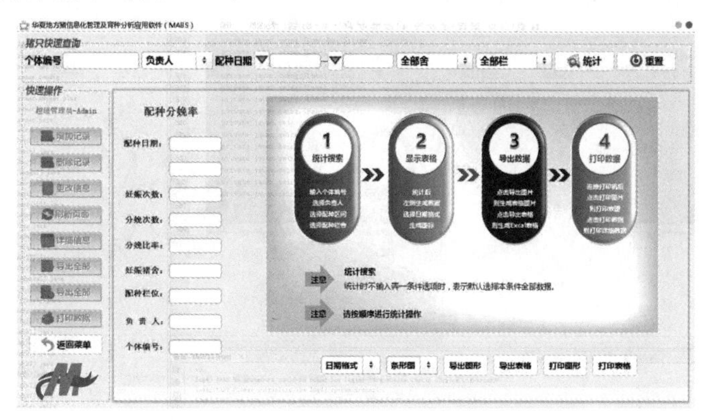

图 4-2 地方猪信息化管理及育种分析应用软件（配种分娩率）

3. 胎均活产仔率（图 4-3）

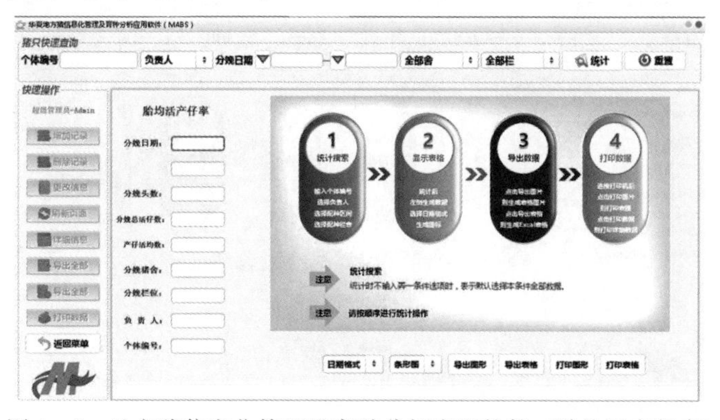

图 4-3 地方猪信息化管理及育种分析应用软件（胎均活产仔率）

4. 出生活体个重（图4-4）

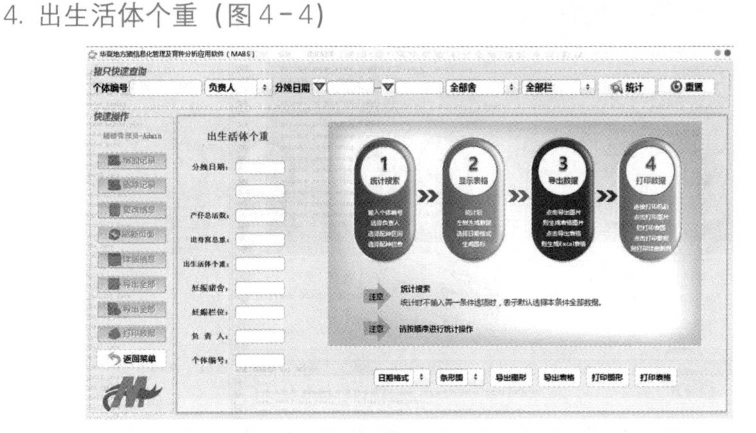

图4-4　地方猪信息化管理及育种分析应用软件（出生活体个重）

5. 出生活体个数（图4-5）

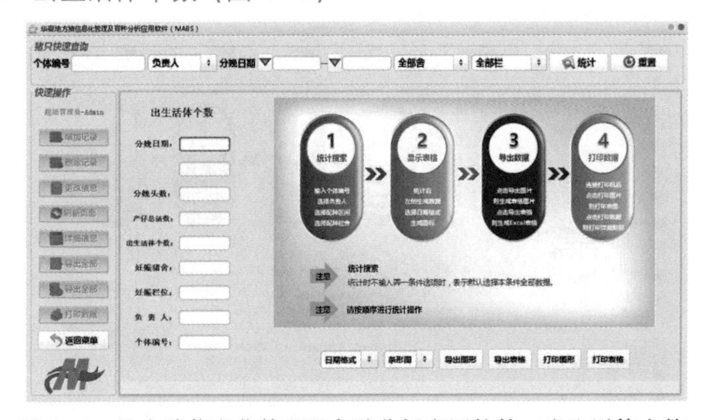

图4-5　地方猪信息化管理及育种分析应用软件（出生活体个数）

6. 胎均断奶活仔数（图4-6）

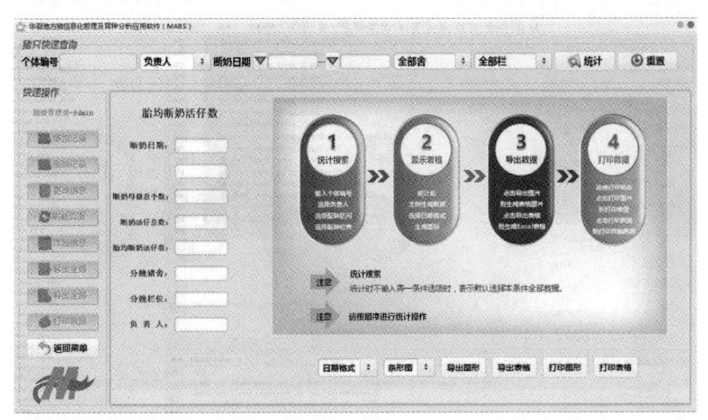

图4-6　地方猪信息化管理及育种分析应用软件（胎均断奶活仔数）

7. 断奶个体重（图 4－7）

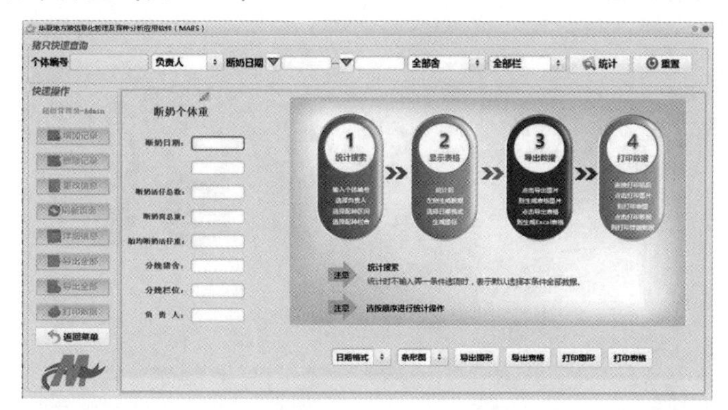

图 4－7　地方猪信息化管理及育种分析应用软件（断奶个体重）

8. 断奶仔猪成活率（图 4－8）

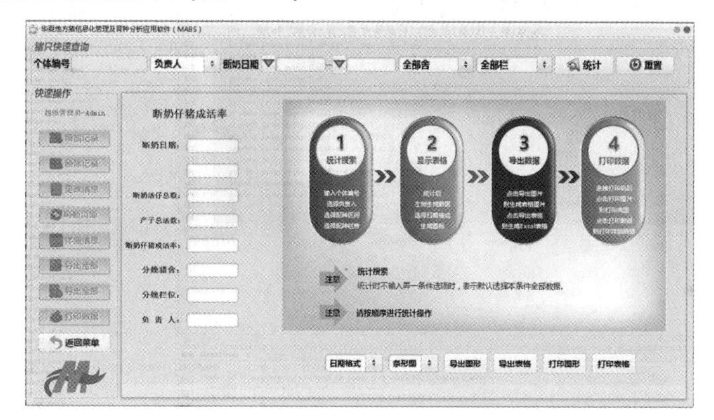

图 4－8　地方猪信息化管理及育种分析应用软件（断奶仔猪成活率）

9. 保育期成活率（图 4－9）

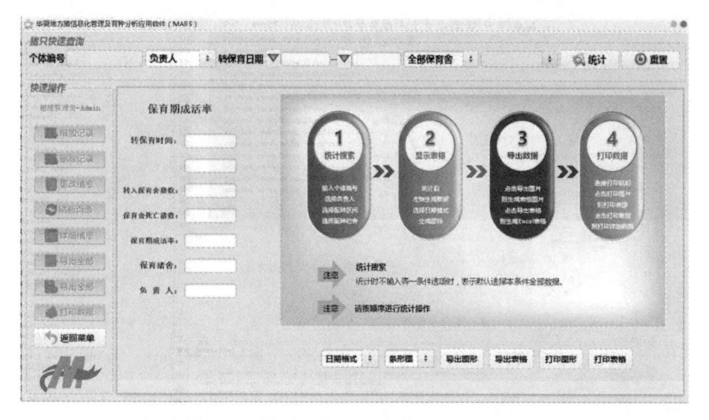

图 4－9　地方猪信息化管理及育种分析应用软件（保育期成活率）

10. 育肥期成活率（图 4－10）

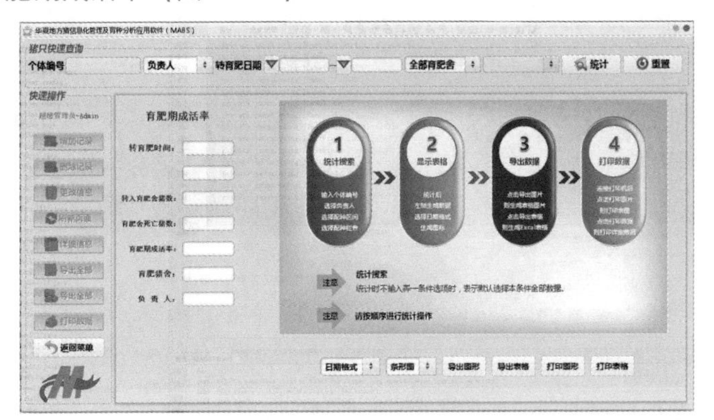

图 4－10　地方猪信息化管理及育种分析应用软件（育肥期成活率）

11. 简单料重比统计（图 4－11）

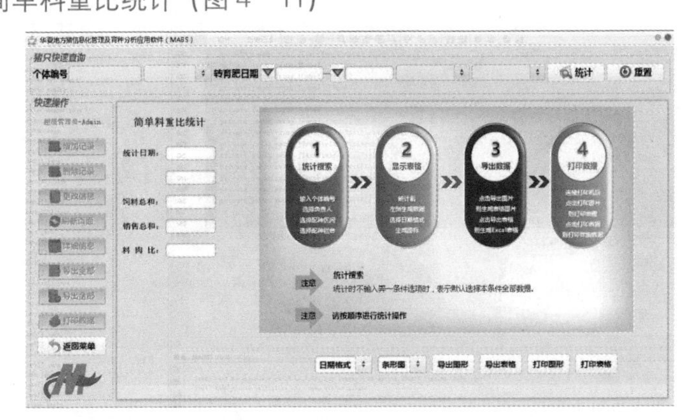

图 4－11　地方猪信息化管理及育种分析应用软件（简单料重比统计）

12. 饲料入库统计（图 4－12）

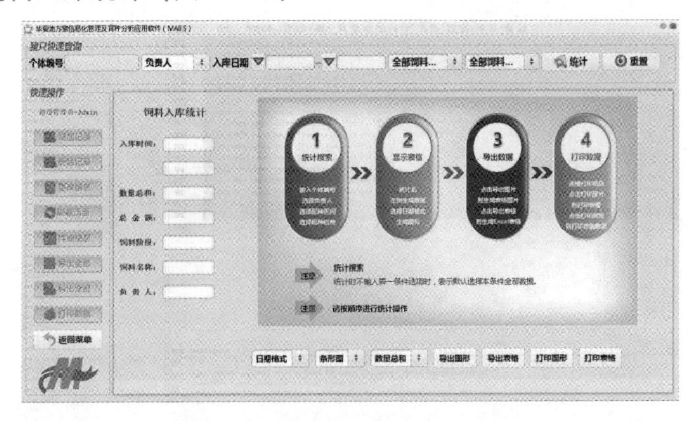

图 4－12　地方猪信息化管理及育种分析应用软件（饲料入库统计）

13. 饲料出库统计（图 4－13）

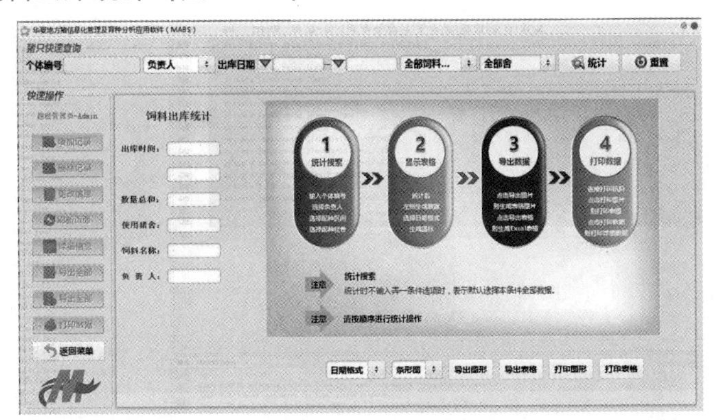

图 4－13　地方猪信息化管理及育种分析应用软件（饲料出库统计）

14. 药品入库统计（图 4－14）

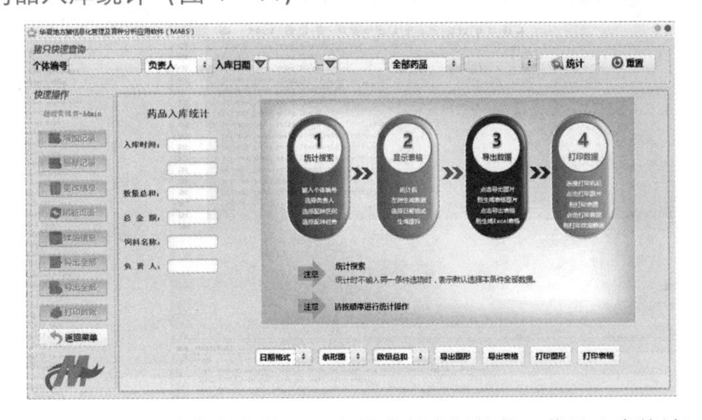

图 4－14　地方猪信息化管理及育种分析应用软件（药品入库统计）

15. 药品出库统计（图 4－15）

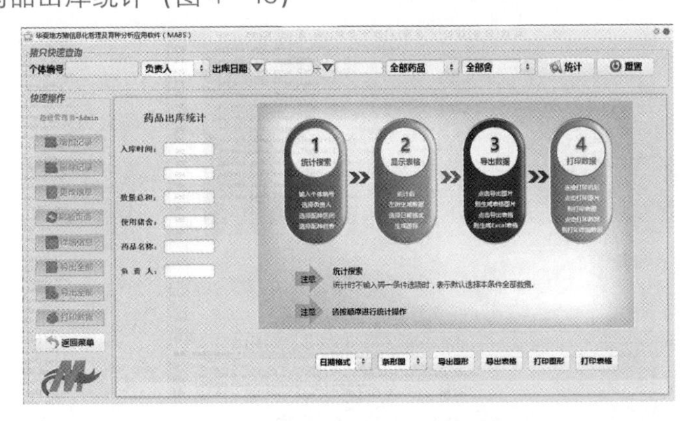

图 4－15　地方猪信息化管理及育种分析应用软件（药品出库统计）

16. 疫苗入库统计（图 4-16）

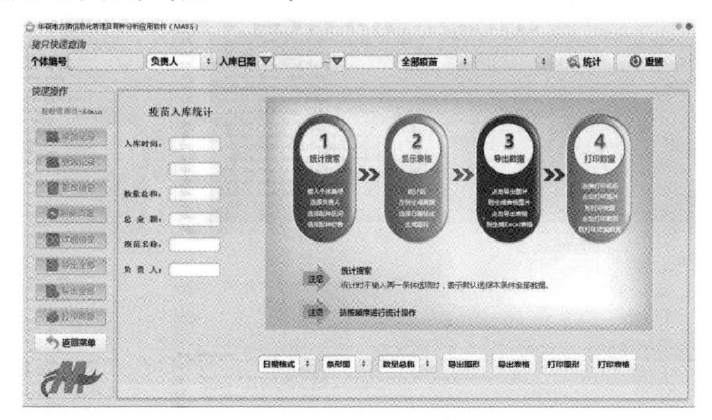

图 4-16　地方猪信息化管理及育种分析应用软件（疫苗入库统计）

17. 猪场销售统计（图 4-17）

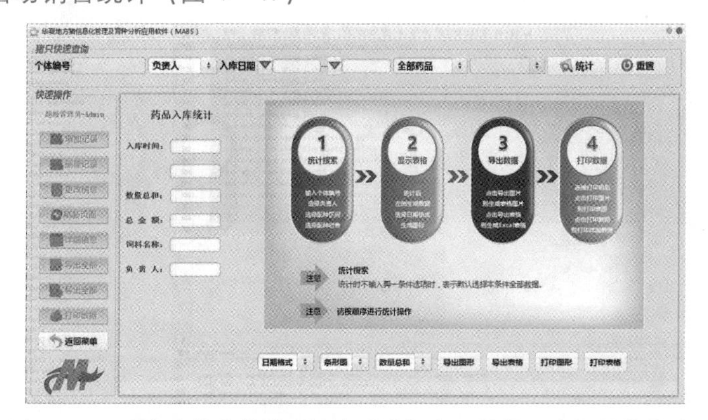

图 4-17　地方猪信息化管理及育种分析应用软件（猪场销售统计）

18. 猪只死亡统计（图 4-18）

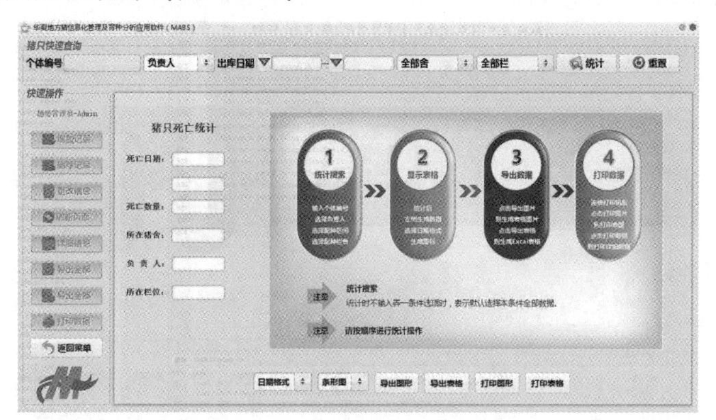

图 4-18　地方猪信息化管理及育种分析应用软件（猪只死亡统计）

第二节　民猪后备种猪的饲养管理

饲养民猪后备种猪的目的是获得体格健壮、发育良好、具有品种的典型特征和良好种用价值的种猪。

一、民猪后备种猪的选择

1. 民猪后备种猪的选择要点

（1）身体健康并无遗传疾患　民猪后备种猪要求生长发育正常，精神活泼，健康无病，并要求是来自无任何遗传疾患的家系的猪。猪的遗传病有多种，常见的有疝、隐睾、偏睾、乳头排列不整齐、盲眼等，这些遗传疾病不仅影响猪只生产性能的发挥，也给生产管理带来不便，严重的会造成死亡（王景顺和赵刚，1989）。

（2）体型外貌符合民猪品种特征　如毛色，耳型，头型，背腰长短，体躯宽窄，四肢粗细、长短等均要符合品种要求。后备母猪的外形，应具备本品种母性特征，面目清秀，头颈较轻；要求有7对以上有效乳头（不包括瞎乳头、副乳头、翻乳头），乳头应沿腹底线均匀分布；外阴应选择较大且下垂的个体，阴户发育较小而且上翘的母猪往往是生殖器官发育不良的个体；四肢强健有力，结构良好，无内外八字形、无卧系、蹄裂现象。后备公猪的外形，体型外貌符合本品种雄性特征，生殖器官发育良好，睾丸左右对称，大小匀称，轮廓明显，没有单睾、隐睾，包皮适中，无明显积尿；四肢强健有力，无内外八字形，无卧系、蹄裂现象。

（3）生产性能高　繁殖性状是民猪种猪最重要的性状之一，因此后备种猪应在产仔数多、哺乳能力强、断奶窝重大等繁殖力高的家系中选择。同时，后备种猪应具有发育良好的外生殖器官，如后备种公猪应选择睾丸发育良好、左右对称且松紧适度、形态正常、性欲旺盛、精液品质好的个体；后备种母猪要有正常的发情周期，发情征状明显，还需要注意外阴部和乳房的选择，应选择乳头在7对以上、排列整齐、阴户发育较大且下垂的个体。后备种猪生长发育性状或其同胞的育肥性状也是选择的重要依据，主要包括生长速度和饲料转化率两个方面，即后备种猪应选择本身和同胞生长速度快、饲料转化率高的个体。另外，对于后备种猪，应在10月龄时用仪器测量背膘厚度和眼肌面积，以此来衡量本身的脂肪和瘦肉的生长情况，其他胴体品质性状只能通过其同胞屠宰性状来获得，后备种猪应选自胴体品质和肉质良好的家系，这一点对于后备种公猪更为重要。

2. 民猪后备种猪的选择时期

（1）断奶　断奶选择是窝选，即选留产仔头数多的大窝中的优良个体。窝选是在父母都是优良个体的条件下，从产仔头数多、哺育率高、断奶和育成窝重大的窝中选留发育良好的公母仔猪。

（2）4 月龄　主要淘汰生长发育不良、四肢粗短、体格不匀称、有突出缺陷、生殖器官发育不良的个体。

（3）6 月龄　后备种猪达 6 月龄时各组织器官已经有了一定程度的发育，性欲表现更加明显，优缺点更加突出，可根据多方面的性能进行严格选择，淘汰不良个体。

（4）配种前　后备种猪在初配前进行最后一次挑选，淘汰性器官发育不理想、性欲低下、精液品质较低的后备种公猪和发情周期不规律、发情征状不明显的后备种母猪，同时检测精液品质和背膘厚度。

二、引进民猪后备种猪的隔离与适应管理

1. 引进后 0～2 周：隔离、防应激及驱虫　将民猪后备种猪置于隔离区，即与同猪场原有的猪群完全隔离。新引入猪只需要时间安静下来和适应新的环境，同时恢复自身的免疫力。这 2 周内，有必要在饲料中添加维生素、益生菌，以提高免疫力。饮水应少量多次，防止暴饮。饲料最好喂稀料或者潮拌料，1 周内控制饲喂量，逐渐加料，以避免更换饲料产生的应激。

2. 引进后 3～6 周：免疫接种疫苗　在此期间，猪只需要免疫接种疫苗（应对种猪场免疫情况有初步了解，结合该场实际情况确定应免疫接种的疫苗）。

三、民猪后备种猪的饲养

1. 营养水平　对于民猪后备种猪的饲养要求是能正常生长发育，保持不肥不瘦的种用体况。适当的营养水平是后备种猪生长发育的基本保证，过高、过低都会造成不良影响。日粮中的营养水平和营养物质含量应根据后备种猪生长阶段不同而异。要注意能量和蛋白质的比例，特别要满足矿物质、维生素和

必需氨基酸的供给，切忌用大量能量饲料喂饲，宜适量添加青绿饲料或者粗饲料，以防后备种猪过肥影响种用价值。

2. 饲养方式　民猪后备种猪宜采用精准饲喂，定量喂养，避免体型过肥或过瘦。

3. 饲喂技术　民猪后备种猪的日粮有精饲料型和青粗饲料型两种，后备种公猪以精饲料型为主，体积不宜过大，以免喂成草腹，影响以后配种。后备种猪日粮喂量，育成期应占体重的2.0%～2.5%，体重80 kg以后，喂量占体重2.5%以下。日粮的适当喂量，既可保证后备种猪的良好生长发育，又可控制体重的快速增长，保证各组织器官的充分发育。后备种猪一般7月龄体重控制在60～70 kg，10月龄控制在80～90 kg。

4. 后备种猪的管理

（1）分群饲养　民猪后备种猪2月龄实行公母混群饲养，每栏10～12头，4月龄实行公母分群饲养，每栏5～6头。

（2）加强运动　运动对民猪后备种猪来说非常重要，既可锻炼身体，促进骨骼和肌肉的发育，保证匀称体型，又可防止过肥和肢蹄病的发生，增强体质，加强性活动能力。

（3）认真调教　民猪后备种猪从小要加强调教。首先，建立人猪和谐关系；其次，训练其逐渐养成在固定位置排便、睡觉、进食和饮水习惯。

（4）定期测量　民猪后备种猪应按月龄定期测量体尺、体重。通过体尺、体重变化，随时调整日粮的营养水平和饲料饲喂量。

（5）日常管理　要做好防寒防暑、保持圈舍干燥和清洁卫生等日常管理工作。

四、民猪后备种猪的利用

民猪后备种猪利用过早，会影响利用年限，而且产仔数低。后备种猪利用过晚会增加培育费用，造成经济损失。一般民猪后备种公猪8～10月龄，体重90 kg时开始配种使用。后备种母猪10月龄，体重100～110 kg开始配种使用。后备种母猪在第1次发情不能配种，要到第2次或第3次发情才能配种。

第三节　民猪种公猪的饲养管理

养好民猪种公猪是为了获得数量充足、质量良好的精液，提高与配母猪的受胎率和产仔数，并延长种公猪的使用寿命。

一、民猪种公猪的饲养

1. 民猪种公猪营养水平　满足民猪种公猪各种营养物质的正常生理需求，是养好种公猪的基础。营养水平过高或过低可使种公猪变得肥胖或消瘦，而影响配种。饲养民猪种公猪的日粮不仅要注意蛋白质的数量，更要注意蛋白质的质量，如日粮中缺乏蛋白质，氨基酸不平衡，对精液品质有不良影响；如长期饲喂含蛋白质过多的日粮，同样会使精子活力降低、密度变小、畸形精子增加。民猪种公猪日粮中钙、磷不足或比例失调，均会使精液品质显著降低，出现死精、发育不全或活力不强的精子。维生素 A、维生素 D、维生素 E 对精液品质也有很大影响，缺乏时，种公猪的性反射降低，精液品质下降；如长期严重缺乏，会使睾丸发生肿胀或干枯萎缩，丧失繁殖能力。

2. 民猪种公猪饲喂技术　民猪种公猪日粮应以精饲料型为主，青绿饲料为辅，体积不宜过大，以免种公猪过肥影响配种。饲喂种公猪应定时定量，每天 2.5 kg，每天喂 2 次，自由饮水，并根据品种、体重、配种（采精）次数增减料量，可适量添加鸡蛋、豆油、花生等。

二、民猪种公猪的管理

1. 单栏饲养　民猪种公猪一般实行单栏饲养。单栏饲养种公猪安静，可减少外界的干扰，保持食欲正常，杜绝爬跨其他公猪而养成自淫恶习。

2. 适当运动　合理运动可促进食欲、帮助消化、增强体质、提高生殖机能。民猪种公猪每天运动在早晚进行为宜，冬天在中午进行，运动不足会严重影响配种能力。

3. 刷拭、修蹄　经常刷拭民猪种公猪猪体可保持皮肤清洁，促进血液循环，减少皮肤病和寄生虫病，并且可使种公猪保持温驯、听从管教。要经常修整种公猪的蹄子，以免在交配时擦伤母猪。

4. 防寒防暑　冬季要防寒保温，可减少饲料的消耗和疾病的发生。夏季要防暑降温，高温影响尤为严重，轻者食欲下降，性欲降低，重者精液品质下降，甚至会中暑死亡。防暑的措施有很多，如通风、洒水、洗澡、遮阳等方法，可因地制宜进行。

5. 精液检查　实行人工授精的民猪种公猪每次采精都要检查精液品质，

对于本交的种公猪每月也要检查1～2次精液品质。

根据精液的品质，调整营养、运动和配种次数，这是保证种公猪健壮和提高受胎率的重要措施之一。

三、民猪种公猪的利用

民猪种公猪的配种能力、精液品质和使用年限，不仅与饲养管理有关，而且取决于初配年龄和利用强度。民猪种公猪的利用强度要根据年龄和体质合理安排。如果利用过度，会导致体质虚弱、配种能力降低、利用年限缩短；相反，如果利用过少，会导致种公猪肥胖而影响配种。使用频率：8～10月龄每周1～2次，10～12月龄每周2～3次，1岁以上每周3～4次。

第四节　民猪母猪的饲养管理

一、民猪后备母猪的饲养管理

1. 民猪后备母猪的选择　初生重大的民猪仔猪抵抗力强，生长发育快，并且这一特性有很强的遗传性。因此，在选留民猪后备母猪时必须进行窝选，从窝中选出发育好、乳头多而且排列整齐、体型好的仔猪作种用。个体大的母猪在怀孕期间能更好地利用饲料中的营养物质，保证胎儿正常发育，为生产高质量的仔猪打下良好的基础。在仔猪断奶时进行第1次选择。根据民猪父母代的繁殖成绩、体型外貌和仔猪的生长发育情况，乳头在7对以上，同窝中没有出现遗传病症等进行选择。第2次选择在民猪种猪性能测定前进行，根据仔猪的生长速度及体型外貌进行选择；第3次选择在测定结束时进行，根据体尺成绩、外貌评分结果、平均日增重、平均饲料转化率等进行选择；第4次选择在配种前进行，确定为待配母猪。

2. 民猪后备母猪饲养管理　对民猪后备母猪的饲养，既要使其正常地生长发育，又要保持适宜的体况和正常的生殖功能。适宜的营养水平是民猪后备母猪正常生育的保证，营养水平过高或过低均会对后备母猪的种用价值造成不良影响。应根据其膘情、日龄，喂给适当的高质量母猪全价料，直至配种。使后备母猪的膘情维持在七八成膘较为适宜。

在管理上，要保证圈舍清洁卫生，注意猪舍通风。对圈舍地面、用具、食槽等进行消毒，使民猪后备母猪有一个良好的生活环境，并按时驱虫和预防免

疫。为了让民猪后备母猪健康成长，提高其抗病能力，入场的民猪后备母猪应根据该场的情况进行严格防疫，做到适时免疫接种疫苗。应保证母猪适量的运动，在150日龄左右时出现初情期；后备母猪体重达90 kg后，将进入有规律的发情周期。每天后备母猪最好有1～2次与公猪接触的机会，并对其试情，进行详细记录，以便掌握其发情规律，及时安排配种。

二、民猪种母猪的饲养管理

民猪后备母猪从确定为待配母猪开始，进入配种准备期，此时不配种是因为母猪排卵少、不规律，体重还未达到受孕最佳时期。在7月龄时，体重达110 kg的后备母猪再发情时可以进行适时配种。饲养管理员要每天上午仔细观察每头母猪的肢蹄、体表、阴门的情况，对有疾病的母猪及时治疗，并做好记录。

根据民猪母猪膘情，对体况较差的母猪在配种准备期实行短期优饲，增加精饲料的供给量，使母猪以优良的体况参加配种。在配种准备期内要做好母猪的试情工作，防止错过母猪发情期，影响母猪生产成绩。可采用公猪试情法，此法对发情征状不明显的母猪十分有效，还可起到诱导母猪发情的效果（黄明等，2003）。

1. 适时配种　成熟卵子从卵巢排出以后，其存活时间是有限的，精子在子宫的存活时间也是有限的。只有把握好这两个时间，在正确时间内进行人工授精，才能提高受胎率。

（1）精子在子宫内的运输　精子在子宫内的运输主要是依靠外力、子宫的收缩及输卵管收缩和纤毛的摆动而到达受精部位。精子进入母猪生殖道后，将开始移动，它们一部分储存在子宫内陷窝中形成若干个精子储库，精子在这些储库中不断释放，以保证受精部位总是不断有具备受精能力的精子出现，等待卵子的到来。精子沿着母猪的生殖道向前行进，密度呈现一个梯度状的降低，子宫颈部分精子数量最多，达1×10^8个以上，而输卵管上段的精子数量仅为1 000个（受精部位）。猪精子的这种高选择性和运行期间的巨大损耗，使得生命力更强、活性更好的精子才有可能到达受精部位，同时也限制了到达受精部位的精子数目，而绝大多数的精子则被白细胞吞噬或杀死。

（2）精子维持受精能力的时间　精子由公猪体内排出后维持受精能力的时间为24～42 h。母猪的卵子生存时间仅为8～12 h，只有当精子和卵子都保持较好的活力时，才有可能获得较好的受胎率。而若精子或卵子有一方老化，则都会导致受胎率下降，这说明正确的发情鉴定及适时输精对于提高受胎率是至关重要的。

（3）精子的损失　授精或者紧张导致子宫收缩加剧，都会减少有效精子数。白细胞的吞噬也可使精子受到损失。此外，子宫或者输卵管有可能产生抗精子抗体，使精子受精力下降。

（4）卵子的运输　母猪的卵子可以由卵泡表面进入输卵管的伞口部，并很快沿着薄壁的伞部进入壶峡结合部的受精部位。

（5）卵子的老化　如果卵子排出后进入受精部位但未能及时与精子相遇并受精，那么卵子将很快老化。这种变化在排卵后 12 h 十分明显。这也表明，配种或人工授精一定要在排卵前的适宜时间内进行，否则卵子有可能老化。

（6）受精　获能指射出的精子必须在母猪生殖道中经历最后的成熟过程才能具有受精能力。公猪精子获能的时间是 2～3 h。经过获能，精子的游动能力和呼吸强度都有提高，这是受精所必需的。

根据排卵规律和精子在生殖道内的存活时间等数据判断，第 1 次配种的适宜时间是母猪出现静立反射的 8～12 h，同时采取二次配种，也就是说在第 1 次配种之后，8～12 h 内第 2 次配种。由于母猪的发情持续时间依品种、年龄不同而不同，故适宜配种时间也不相同。配种结束后填写配种卡片和配种记录，并观察配种后 21 d 返情情况。

2. 民猪种母猪的记录管理　做好民猪种母猪的记录工作，有利于母猪的饲养管理、分析母猪的生产成绩，为疾病防治带来许多方便，特别是为今后的繁殖育种工作打下良好的基础。民猪种母猪的记录包括母猪的父母代、祖父母代情况，母猪的品种、产次、产地、出生日期、耳号，母猪免疫接种记录、生产记录等。

（1）母猪的分娩记录　包括与配公猪编号、配种日期、预定分娩日期、分娩日期、总产仔数、产活仔数、产仔平均初生重、断奶日期、哺乳天数、断奶仔猪数、断奶仔猪平均体重。

（2）母猪配种记录　配种结束后，做配种记录，包括配种日期、母猪编号、与配公猪编号、第 21 天发情确认日、第 42 天发情确认日、预定分娩日、单体栏编号、免疫接种情况记录、转入分娩舍日期等。

3. 民猪种母猪的合理淘汰　民猪种母猪淘汰的主要原因是繁殖年龄、某些传染性疾病、肢蹄病、不发情或习惯性流产等。一般民猪种母猪的繁殖率在3～8产繁殖成绩最好，所以9产后的母猪应予以淘汰。在发生肢蹄病或流产等时治疗无效，或有无效乳头的就要淘汰。民猪母猪中后备母猪占母猪群体的17%，3～8产的可繁母猪占母猪群体的70%左右，是基础猪群获得最佳繁殖成绩的重要保证和养猪效益最佳的基本原则。

三、民猪妊娠与分娩母猪的饲养管理

1. 民猪妊娠诊断　民猪母猪的妊娠期平均为114 d（112～116 d）。母猪开始妊娠时其受精卵结合子的重量只有0.4 mg，而到胎儿出生时其重量为1 kg以上，此阶段胎儿的生长过程具有明显的规律性。妊娠前80 d胎儿增重缓慢，增重不到整个出生胎儿重的1/3，而妊娠后期即临产前30 d是胎儿生长较快时期，胎儿增重占出生胎儿重的2/3以上。

（1）母猪的妊娠征状　母猪卵子受精以后经妊娠识别（配种后10～12 d）后，母猪进入妊娠生理状态。胎儿在母体内着床，依靠母体进行物质和气体交换，为胎儿提供发育所需的营养。妊娠后，随胎儿生长，母体新陈代谢加强，食欲增强，消化能力提高，营养状况改善，体重增加，被毛光润。

早期妊娠检查可以确定母猪是否妊娠，并给妊娠状况分析提供依据。简便而有效的早期妊娠诊断是减少空怀、母猪保胎和提高母猪繁殖率的重要技术措施。妊娠3周以后，母猪阴道黏膜表面干燥、无光泽、由粉红变为苍白、阴道收缩变紧。子宫颈收缩外口紧闭。在进行妊娠检查时要注意防止因阴道感染而导致流产。

（2）母猪预产期的计算　母猪妊娠期平均114 d。为做好生产安排和分娩前的各项准备工作，必须推算出妊娠母猪的预产期。推算母猪预产期的方法是：用配种的月份加4，日减6。例如，1头母猪是4月10日配种输精的，其预产期为4＋4＝8（月）、10－6＝4（日），为8月4日产仔。还可用“三、三、三”来推算，即配种的月份和日期加3月3周零3 d，按此计算，其预产期为4＋3＝7（月）、10＋3×7＋3＝34（日），也为8月4日产仔。月份相减时不够的可借年（12个月）、日不够减的可借月（30 d）。也可通过查表计算预产期。

2. 民猪妊娠母猪的管理　民猪妊娠母猪的饲养管理，直接影响母猪的健康及使用年限、母猪的生产成绩，如每头母猪年提供断奶仔猪头数（PSY）、每头母猪年提供上市猪头数（MSY），从而影响猪场的经济效益。分阶段饲养制度是根据母猪在妊娠期不同时段不同的生理特点而制订的，能提高母猪的生产成绩，延长其使用年限。母猪产死胎多是因为妊娠期饲养管理不当所致。妊娠期要多喂青绿多汁饲料，不喂发霉变质饲料，严防鞭打、脚踢及其他机械刺激。

（1）妊娠初期（配种至妊娠第 28 天）　受精卵移动到子宫角需要 11～12 d，然后胚胎开始着床。合子在第 9～13 天内的附植初期，易受各种因素的影响而死亡。胚胎着床期大约在第 24 天结束，胚胎如不能着床就会死亡，最终导致产仔数减少。妊娠初期是胚胎死亡的第 1 个高峰，其主要原因是母猪摄入的营养物质浓度过高会减少孕酮的分泌，因此妊娠初期应控制母猪的采食量，使其摄入的营养能够满足其自身需要即可。配种后 3 周内，受精卵形成胚胎几乎不需要额外营养，可给母猪饲喂低能量、低蛋白质的妊娠日粮。

生产中可通过加强饲养管理，改善猪舍环境，把胚胎损失降到最低限度。猪舍的温度保持在 16～22 ℃，相对湿度维持在 70%～80%；保持圈舍清洁卫生，减少感染的机会。

（2）妊娠中期（妊娠第 28～84 天）　妊娠中期的营养水平对初生仔猪肌肉纤维的生长及出生后的生长发育很重要，肌肉纤维数量也是决定仔猪出生后生长速度和饲料转化率的重要因素。在此阶段提高饲喂水平可以改善初生仔猪的生产性能。对于偏瘦的母猪可适当增加饲喂量，保证在此期间母猪的体况恢复至理想状态，但对于体况极差的母猪不能过度饲喂，因为该阶段的过度饲喂会导致泌乳期的自由采食量降低，可以在断奶后提高饲喂量，甚至自由采食，并延后一个情期配种。初产青年母猪妊娠期间的体增重要比经产母猪多 10%左右，所以在相同的体况条件下初产母猪的饲喂量应比经产母猪增加 10%左右。妊娠第 75 天以后是乳腺发育的关键时期，过量摄入能量会增加乳腺中脂肪的沉积从而减少乳腺分泌细胞的数量，导致泌乳期内泌乳量的减少。

（3）妊娠后期（妊娠第 84 天至分娩）　仔猪初生重的 60%～70%来自产前 1 个月的快速生长，此阶段也是乳腺充分发育的时期。为了防止妊娠后期体脂肪的损失，应提高母猪营养水平。如果妊娠后期能量摄入量不足，母猪会丧失大量脂肪储备，从而影响下一周期的繁殖性能。在妊娠的最后 1 个月，一方面胎儿的体重急剧增加，需要大量营养物质；另一方面由于子宫体积的增加，消化器官受到挤压，易造成母猪的采食量不足，而妊娠母猪从日粮中获得的营养物质，首先满足胎儿的生长发育，然后再供给本身的需要，并为哺乳储备部分营养物质。因此，应喂给营养丰富的日粮，尤其是蛋白质饲料，生产中除供给母猪足够的能量和蛋白质饲料外，还应保证满足其对维生素和矿物质的需要。对膘情和乳房发育良好的母猪，产前 7 d 应减料，并停止喂青绿多汁饲料，对那些体况较差和乳房发育不良的母猪，产前不但不应减料，还应加喂一些富含蛋白质和维生素的饲料，产前 7 d 转入分娩舍。

3. 民猪母猪的分娩与助产

(1) 分娩征状　民猪母猪临产前后护理工作的好坏，对母猪是否能够顺利产仔、母猪生殖器官是否发生疾病，以及产后能否再受胎有密切关系。随着分娩时间的到来，临产母猪有不同的征状表现。准确掌握母猪的分娩时间，有助于做好接产准备工作和临场接产，提高仔猪的成活率。

母猪的妊娠期平均为 114 d，因个体差异有提前或延后，所以母猪一般提前 7 d 进入产栏，要随时观察母猪是否出现临产前的征状。产前 3～5 d，母猪外阴红肿松弛，呈紫红色，有黏液流出，尾根两侧下陷；乳房胀大，发红发亮(初产母猪尤其明显)，两侧乳头粗长，外伸，明显呈“八”字形。产前一两天，前面的乳头能挤出乳汁；最后一对乳头能挤出浓稠乳汁时，母猪将在 2 h 左右分娩。产前 6～12 h，母猪紧张不安，时起时卧，突然停食，频频排粪便，且短、软、量少，当阴部流出稀薄的带血黏液时，说明母猪即将在 30 min 左右产仔。在生产实践中，最后一对乳头挤出浓稠的乳汁并呈喷射状射出为判断母猪即将产仔的主要征状。此时，应做好母猪分娩前的准备，如接产用具、消毒药品和仔猪护理用具等，同时要对母猪乳头和阴户附近清洗消毒。接产人员必须将指甲剪短修平。由于母猪因分娩而紧张不安，所以必须保持产房环境安静，不要随意走动，以免引起母猪不安，影响正常分娩。临产前将仔猪保育箱预热升温至32 ℃，还要保证产房温暖、空气新鲜、无贼风。

(2) 分娩过程　分娩是母猪借子宫和腹肌的收缩将胎儿及胎衣排出体外的过程，可分为开口期 (3～4 h)、胎儿排出期 (2～6 h) 和胎衣排出期 (10～60 min) 3 个时期。

正常情况下，母猪在 2～4 h 可完成分娩，个别的长达 12 h 以上。第 1 头仔猪一般在母猪破水后 20 min 内产出，仔猪产出后，接产人员应立即清除仔猪口腔、鼻孔内黏液，以防黏液堵塞而发生窒息死亡；然后用消过毒的毛巾、棉布擦净身上的黏液，胎儿若包在胎衣内要马上将其撕破，以防止仔猪窒息死亡。仔猪出生时把脐带内的血用手挤向仔猪腹内，这部分血对仔猪生长、免疫力至关重要；并在距仔猪腹部 5～7 cm 处将脐带用手指捏断，不要用剪刀剪断，否则不利于止血；在断端涂 5%碘酊消毒，以防止感染。如断口处血流不止，则可用手指压一会儿或结扎脐带，以利于脐带迅速干燥和脱落。然后称量初生重、编号后喂初乳。

(3) 母猪产后的护理　为了防止发生母猪生殖器感染，分娩结束后应用温水及消毒液清洗并擦干外阴部及其周围皮肤，清扫猪床，更换垫草。为消除母猪产后疲劳和产仔时水分损失过多的影响，应及时喂以温热的麸皮粥（麸皮、碳酸钙和食盐少许），或喂些米粥、豆饼水等流质类饲料，以尽快使母猪恢复体力和避免母猪口渴食仔。分娩结束后，应尽早驱使母猪站起，以减少出血（王前，2003）。

母猪分娩时，通常每经 5～20 min 产出一头仔猪，正常情况下分娩过程持续 2～4 h。母猪产仔结束后 15～30 min 开始排出胎衣，也有少数边产边排胎衣的情况，胎衣排净平均需 5 h。胎衣排出后应及时拿走，并检查是否完整（末端封闭说明产仔结束），以免母猪吞食影响消化和出现食仔恶癖。分娩栏内被污染的垫草也应及时清除更换，并对母猪身体进行清理消毒，注意保证分娩舍内温度。

(4) 民猪母猪难产的处理方法　民猪母猪产仔间隔超过 20 min，就应考虑注射催产素促进子宫收缩。对于难产母猪要进行人工助产，以减少胎儿在母体内死亡。一般母猪破水后仍产不出仔猪，或分娩过程中经过 30 min 努责后也不能分娩，则视为难产。

难产可能发生在产仔开始时，也可能发生在产仔过程中。母猪体况过肥（瘦）、骨盆狭窄发育不全、产道过窄等引发的难产多发生在初产早配母猪，或是母猪产仔时体力消耗过大引起难产。处理方法是让母猪尽快站起来，走动几圈，校正胎位，母猪再次躺下后胎儿体位发生改变，在母猪努责时按压母猪腹部帮助母猪产仔，如果继续延迟，则戴上涂过润滑剂的塑料手套，五指并拢呈锥状缓慢伸入产道，探摸胎儿，矫正胎位，牵引或使用产科套绳在母猪努责时把胎儿拉出来。产科套绳套住胎儿头的后部，并用手拖住胎儿下颌，另一只手持产科套绳柄缓慢拉出胎儿，动作不宜过大，以免损伤母猪产道或子宫膜，给母猪造成机械性伤害导致母猪被淘汰。也可用药物进行催产，即确认母猪子宫颈开张、胎位正常以后注射催产素。人工助产无效时应请兽医实施剖宫产手术。

(5) 假死仔猪的急救方法　母猪刚产下的仔猪有的会出现全身瘫软，没有呼吸，但心脏仍在跳动的假死状况。对此如不及时抢救或抢救方法不当，仔猪会由假死变为真死。对于假死的仔猪可立即实施急救，但急救前首先要把仔猪口鼻腔内的黏液与羊水用力甩出清除，并且要用消过毒的纱布或毛巾擦拭口鼻，擦干躯体，然后用下列几种方法急救。将仔猪四肢朝上，一手托肩背部，一手托臀部，然后两手配合使猪体一屈一伸，直到仔猪叫出声为止；倒提仔猪后腿，并抖动其体躯，用手连续轻拍其胸部，直至仔猪呼吸；将仔猪放在温暖柔软处，用手反复伸屈两前肢，促其呼吸成活；用胶管或塑料管向假死仔猪鼻孔内或口内吹气，促其尽快成活；往仔猪的鼻子上擦少许乙醇或氨水，或用针刺其鼻部或腿部，刺激呼吸，使其尽快苏醒。在实际抢救中，几种方法并用效果更好。

4. 民猪哺乳母猪的管理　民猪母猪产仔后采食量不大，因此母猪分娩当天不喂料。分娩后 2～3 d，由于母猪分娩体力透支过剩，代谢机能差，不能投料太多，否则容易使母猪厌食。饲喂时要逐渐增加饲喂量，供给充足的饮水，保证体质的恢复修整。

在民猪母猪分娩后大约 1 周，其饲喂量达到常规量，而所食的营养物质 20%～30%用于自身维持，其他全部营养用于泌乳。在泌乳中期要加强哺乳母猪的饲养管理，提高母猪的泌乳力，护理好哺乳仔猪，才可获得更多的断奶仔猪，提高断奶成活率和仔猪的断奶窝重；同时保证饮水的充足供应，冬季避免母猪饮冷水。哺乳期母猪可以自由采食，但应注意饲料霉变，可采用少量多餐的饲喂方式，也可选择饲喂潮拌料，具体可根据观察母猪料槽剩料情况、母猪膘情、食欲等对投料量做适当调整。此阶段饲养管理要点：最大限度地增加母猪采食量、提高泌乳力，为仔猪的快速生长发育及下次的繁殖打下良好的基础。因此，应为母猪提供营养全面的饲料，适当增加蛋白质含量丰富的饲料，让母猪全天自由采食、自由饮水和进行适当运动，适当补充一些优质的青绿饲料以促进母猪采食。不要突然更换饲料种类，以免引起母猪消化性疾病和仔猪下痢；保证圈舍安静、温暖、干燥，防止母猪因挤压等原因出现乳腺炎。

哺乳后期的饲养目的是让仔猪顺利度过断奶关，同时又能为下阶段的发情奠定基础。通常母猪在产仔 21 d 左右时达到产奶高峰，以后产奶量逐渐下降。本阶段要控制母猪体况，不要让母猪过肥或过瘦，根据体况断奶前 3～5 d 逐渐调整饲喂量。炎热的夏天，可往母猪身上喷洒水雾为母猪降温，在清晨和傍晚温度不高时饲喂，还可在夜间加喂一次，定期对圈舍、饲喂用具清扫消毒。

第五节　民猪仔猪的饲养管理

一、民猪哺乳仔猪的饲养管理

民猪哺乳仔猪饲养，第 1 天断齿、吃初乳，第 2 天称重、打耳号、记录、选择性断尾；在第 1～3 天要固定好奶头，做好并窝、寄养工作；第 3 天开始训练饮水，并进行补铁、补硒；第 7 天开始训练补料；第 10～15 天对不作种用的仔猪去势。

1. 仔猪的保温　仔猪调节体温的机能不健全，对寒冷的应激能力差，冬季或开春必须做好民猪仔猪的防寒保温工作，给仔猪创造一个适宜的生活环境。仔猪出生后 1 周内的适宜温度：出生第 1 天 34 ℃，以后每天降低 1 ℃直至28 ℃；8～30 日龄为 25～28 ℃；31～60 日龄为 23～25 ℃。保温箱可用灯泡、暖床、电热板等进行加温，在保温箱中离底部 30 cm 处悬挂一支干湿温度计，以便随时掌握温度的变化。无论哪种方法，最好均设护仔栏保护仔猪安全；管理好水槽和地沟，以防仔猪掉入淹死。初产母猪缺乏护仔经验，常因起卧不当压死仔猪，这就要求饲养员对个别仔猪进行着重看护。

2. 吃足初乳　初乳是民猪母猪在产后 3～5 d 分泌的淡黄色乳汁。初乳的特点是蛋白质含量高，并含有大量免疫球蛋白和白蛋白，镁盐、铁、维生素 A、维生素 D、维生素 C 的含量也较常乳高，是初生仔猪不可代替的最佳食物，能使仔猪在一定时间内获得免疫力，促进胎粪排出。初乳酸度较高，可弥补初生仔猪消化道不发达、消化腺机能不完善等的不足，促进胃肠机能发育成熟，所以一定要让仔猪吃足初乳。初乳中的营养物质，在小肠内几乎全部吸收，有利于仔猪增长体力，防御寒冷，因此早吃初乳尤为重要。

3. 固定奶头　初生民猪仔猪 3 d 内要人工辅助固定奶头，帮助弱小仔猪固定在前面 2～3 对奶头。民猪母猪每隔 45～60 min 给仔猪哺乳 1 次，随泌乳期进展间隔加长，每次哺乳历时 3～5 min，但母猪真正放奶时间只有 10～20 s，初生仔猪有抢占多乳头固定为己有的习惯。在这样短暂的放奶时间内，如果仔猪吃奶的乳头不固定，则会因相互争抢乳头而错过放奶时间，导致体弱者吃不到奶。争抢还易造成母猪乳头损伤，导致母猪拒绝哺乳。为避免上述情况，应在仔猪出生 2～3 d 完成人工辅助固定乳头。固定乳头能保证全窝仔猪发育均匀，可对弱小和强壮的仔猪进行个别调教，使其均衡生长，减少弱小仔猪死亡和奶僵的现象发生。

固定奶头原则：小前大后，一头仔猪固定只吃一个乳头。为使民猪全窝仔猪发育均匀，提高窝断奶仔猪体重，应将体大强壮的仔猪固定在后面产奶少的乳头，体小较弱的仔猪固定在前面产奶较多的乳头，以弥补先天不足。另一方面，体大强壮的仔猪按摩刺激乳房有力，可增加泌乳量。在人工辅助固定乳头时，如果民猪母猪有效乳头足够，而一窝仔猪个体较均匀，就不需过多干预仔猪吃奶，只辅助体弱者吃奶即可。倘若一窝仔猪个体差异较大，则重点对体大者和体弱者固定，每次哺乳时不让体大者到前面吃奶，强迫其吃后面的乳头。个别争抢严重的个体先隔离不让其吃奶，待到母猪放奶时才放到其固定奶头，中等个体自行固定。每次哺乳时均采取人工辅助固定乳头，经 2～3 d 训练即可完成全窝仔猪哺乳固定奶头。

4. 称重、打耳号、记录　良好规范的养殖，必须有清晰准确的档案记录，民猪仔猪父母代系谱清晰，才能为以后的留种、繁殖、试验等提供准确的数据。养殖档案记录要随猪只转移。在民猪仔猪出生 2 d 内做好仔猪档案记录工作，包括仔猪父母编号、仔猪初生重、总产仔数、产活仔数、死产仔数等。仔猪出生后应立即进行编号，编号时要保证同一养殖场或养殖区内一猪一号不重复，如有猪只死亡或是淘汰，转出时，不要以其他猪只替补该号码。

民猪仔猪编号完成后就要进行标记（标号），即打耳号或戴耳标等。打耳号是利用剪耳号钳子在仔猪耳朵上的不同位置剪上各种代表不同数值的标记，几个数字共同构成猪只号码。例如，左耳上缘的一个缺口代表 10，下缘一个缺口代表 30，耳尖上的缺口代表 200，耳中部一个圆洞代表 800。右耳相应部位代表 1、3、100、400。以窝编号时，左耳号表示窝号，右耳号表示个体号，公仔猪编号使用奇数号（单号），母仔猪使用偶数号（双号）。还可采用耳标法，即使用耳标钳把编好号的塑料耳标固定在耳朵中央，标记清晰。使用塑料耳标的缺点是用久了塑料老化容易丢失，应经常检查，发现丢失时立刻补上原号。编号后称量仔猪初生重。

5. 补铁、补硒　铁元素是猪体中重要的微量元素之一，是合成血红蛋白、肌红蛋白和多种氧化酶的重要原料。民猪新生仔猪体内仅储存铁 30～50 mg，仔猪每天需要消化吸收 7～10 mg。仔猪出生 1 周内每天哺乳 500～650 g。一般每 100 g 猪乳中含铁量为 0.2 mg，每天哺乳量仅含铁 1～1.3 mg。据此，1 周龄仔猪共需要铁 49～77 mg。如不及时补铁，仔猪出生四五天后血红蛋白的含量即可下降到 7%以下（正常情况每 100 mg 血液中含血红蛋白 10～12 mg），仔猪易患贫血症，开始表现生长缓慢，精神不振，被毛无光，皮肤干燥，结膜苍白，离群，四肢无力，食欲减退，营养不良，体温不高或偏低，可视黏膜苍白，光照耳壳呈灰白色，几乎看不到明显的血管，针刺也很少出血，呼吸频率增加、脉搏加快，稍加活动则喘息不止。

给民猪仔猪补铁的方法有间接补铁和直接补铁两种，前者是给妊娠母猪或哺乳母猪注射或喂给铁制剂。此法由于胎盘和乳房含铁量很少，效果较差，只能作为额外补充。夏秋青草旺盛期放牧或补饲青草的母猪及仔猪，可从青草中获得一定量的铁，而冬季及早春枯草期青绿饲料严重不足，仔猪失去自然补铁的机会，难以度过生理性贫血期，会发生严重的缺铁性贫血，导致死亡或生长发育不良。直接补铁就是给仔猪注射或喂给铁制剂。效果最好的是“注铁法”，即仔猪出生 3 日龄内，每头腿部肌内注射加硒牲血素 1 mL，或注射右旋糖酐铁钴注射液 2 mL，可满足仔猪阶段生长发育对铁元素的需要。仔猪容易发生硒缺乏病，缺硒会影响维生素 E 的吸收，引发下痢、水肿病、白肌病等疾病。我国大部分地区均缺硒。补铁补硒方法是仔猪生后 3～5 d 肌内注射 0.1%亚硒酸钠、维生素 E 合剂 0.5 mL/头，或用铁硒合剂与补铁一起完成。

6. 去势、断齿、选择性断尾　去势的民猪性情温驯、食欲好、增重快、肉质无异味，不留种用的小公猪去势可在仔猪出生后 10～15 d 完成。早去势应激小，去势完全，伤口愈合好，去势时保定仔猪也较容易，手术费用低；对仔猪生长速度以及饲料转化率影响较小；又由于此时未断奶，有母猪对去势仔猪的呵护安慰。仔猪去势后 3～5 d，饲养人员应细心观察仔猪的吮乳、吃食和活动情况，发现异常，应立即请兽医诊治，异常一般多数是术后肠脱出或其他后遗症。注意仔猪免疫接种与去势不应同时进行。

民猪仔猪出生就有 8 枚小的状似犬齿的牙齿，位于上下颌左右各 2 枚。犬齿对仔猪本身没有影响，但由于乳牙十分尖锐，吃奶时易咬痛或咬伤母猪乳头，影响母猪放奶饲喂仔猪，引发乳腺炎发生。解决方法是用消过毒的剪齿钳在仔猪出生后 24 h 内剪去牙齿，但应注意修剪平整。

民猪发生咬尾等恶癖现象较少，故可以选择不进行断尾。若选择断尾操作，可在仔猪出生后 2～3 d 时进行，方法是用消过毒的断尾钳子，在距尾根

1.5～2.0 cm处剪断，并用碘酒消毒断端。断尾后几天内应特别注意减少应激，保持舍内卫生清洁，及时清除产床及补料槽内的粪便，保持舍内干燥和仔猪适宜的温度。

7. 寄养与并窝　同批进入产房的民猪母猪，为了使各窝仔猪发育一致，便于全进全出，可进行适当的调圈寄养。当民猪母猪产出过多的仔猪，或母猪因病、无乳、流产、少产而需要并窝时，饲养员可以根据产仔头数、身体状况采取有选择的寄养措施。寄养前必须打耳号，以便日后进行系谱查找和选种、育种工作。将多余的民猪仔猪转让给其他母猪代哺，除了可以提高母猪利用率，避免仔猪个体差异较大，还可提高母猪有效乳头的利用率。可为性情温驯、体况好、产奶足但仔猪数相对较少的母猪过继或并窝，注意寄养、并窝的仔猪其出生日期应较近（不超过3 d）。民猪的嗅觉很灵敏，母猪嗅到不是自己所产仔猪的气味时，即会咬逐寄养仔猪。为此，寄养仔猪时，应将寄养仔猪与养母仔猪在护仔栏内混群2 h左右，或用母猪尿液、乳汁、胎衣涂在寄养仔猪身上，使母仔猪的气味一致；还可用药物、乙醇、碘酒、汽油等涂在母猪鼻孔处以干扰母猪嗅觉。哺乳时，饲养人员还要注意细心观察，防止寄养仔猪被母猪伤害。寄养仔猪时，一定要注意让寄养的仔猪吃足初乳，否则不易成活。寄养仔猪与母猪有一个熟悉过程，一般需要1～2 h，这期间应注意观察，防止母猪咬伤被寄养的仔猪。最好夜间寄养、并窝，待到母猪允许被寄养仔猪吃奶时即完成寄养工作。

8. 预防下痢　下痢是降低民猪仔猪质量的主要因素，会严重影响仔猪的成活和生长。引起下痢的原因很多，主要是饲养管理不当，如日粮内的精饲料比例过大，青绿饲料不足造成乳汁中脂肪含量较高，仔猪食后不易消化；环境因素，如圈舍潮湿、寒冷、贼风给仔猪带来应激；病菌感染等。此外，仔猪吃初乳不足、免疫接种不当等也可引起下痢。预防的方法是在民猪母猪产仔前5～10 d将产圈消毒干净，用2%～5%的来苏儿消毒地面，用15%～20%的石灰水粉刷墙壁。临产前将母猪的腹部、乳房和阴部附近的污物清除干净，然后用2%～5%的来苏儿消毒，消毒后清洗擦干。也可以在母猪分娩前4周注射K88、K99大肠杆菌苗和传染性胃肠炎轮状病毒二联苗，这样母体内抗体通过哺乳进入仔猪体内使仔猪获得预防效果。另外，为预防仔猪下痢，可在民猪母猪的乳头上涂抹抗生素，或在母猪饲料中添加抗生素类药物。应为仔猪提供清洁充足的饮水，搞好圈舍卫生，经常清理，定期消毒，保持干燥、温暖、无贼风，减少仔猪应激。加强母猪妊娠后期和哺乳期饲养管理，根据母猪的营养需要合理搭配日粮，用高蛋白质浓缩料加药物催奶，并提前在妊娠中后期适量补充蛋白质和钙，提高仔猪的抵抗力，防止仔猪下痢。

9. 仔猪补水与早期补料　水是动物机体细胞的一种结构物质。早期发育的胎儿含水量高达90%以上，初生幼畜80%左右，成年动物50%～60%。水是动物生命不可缺少的一种物质，但水却是最容易被忽略的营养素。缺水易引起仔猪食欲下降，消化吸收减缓，脉搏加快，血液浓稠，最后衰竭死亡。

民猪仔猪初生体重一般为0.9～1.3 kg，不到成猪体重的1%，但生长速度很快，对营养物质需要数量、质量要求较高。泌乳量在产仔后3～4周达到高峰后则逐渐下降，仔猪对蛋白质、矿物质、维生素等营养物质的需要量逐渐增加，单靠母乳不能满足仔猪需要。尽早训练仔猪开食，利用有机酸调节胃内pH，可刺激仔猪消化道发育，提高消化能力，减少疾病的发生。

开食可以锻炼仔猪的消化器官机能，促进胃肠发育，防止下痢，及早补料可以弥补因仔猪生长过快引起母乳不足的问题。一般在出生后第5～7天就可以开始调教，诱导仔猪开食，以刺激仔猪消化系统发育。可在仔猪吃奶前，将开口料涂在母猪乳头上，或将炒香的高粱和玉米撒在干净的地面上，让母猪带仔猪舔食，也可在乳猪料中加调味剂，让仔猪自由觅食。在开料的同时，应训练仔猪饮清洁水，否则仔猪会饮脏水或尿液，易导致下痢。仔猪20日龄以后，随着消化机能日趋完善和体重的迅速增加，食量大增。当进入旺食阶段时，必须饲喂接近母乳营养水平的全价配合饲料，才能满足仔猪生长的需要，同时可适当增加喂食次数，每天5～6次。饲料要求高能量、高蛋白质、营养全面、适口性好、容易消化，每千克饲料含粗蛋白质18%以上，氨基酸品种应齐全。小料槽清洗消毒后才能用，补料时少给勤添，定时定量给料，保证饲料新鲜，料型为颗粒型，自由采食，每天净槽一次，注意饲料及用具的卫生，饲喂期间不能随意改变饲料种类。

二、断奶仔猪的饲养管理

民猪母猪分娩后3～4周泌乳量达到峰值，以后逐渐降低。而仔猪采食量增加很快，单凭母乳已经很难满足仔猪生长需要。从仔猪出生后第5～7天开始补料，仔猪肠胃逐渐发育良好。

1. 断奶日龄与方法

（1）断奶日龄　由于仔猪个体小、生长缓慢，断奶时间应该比大约克夏猪、长白猪延长1周左右。民猪仔猪的断奶时间为哺乳满30～35 d，根据体重调节断奶日龄，也能使母猪提早发情，提前配种，增加胎次。但生产水平不高时，提前断奶会发生仔猪生长缓慢、下痢，甚至死亡。因此，根据母猪的泌乳特点，建议采用30～35 d的哺乳期，仔猪个体重为6～7 kg时断奶，以利于仔猪成活生长。

（2）断奶方法　断奶前3 d减少哺乳母猪饲料的日喂量，到断奶日龄一次将仔猪与母猪全部分开，此种断奶方法使食物和环境突然改变，容易引起仔猪应激和母猪烦躁，所以应提前准备以减轻断奶应激。可以采取“母动仔不动”，先把母猪调走，仔猪留原圈3～5 d后再转出，用教槽料继续饲养约2周，并逐渐更换成仔猪料，待仔猪完全适应独立生活的变化后再转入其他猪舍。仔猪转出后半天内要彻底冲刷，消毒产床、护栏和料槽，空圈48 h以上，才可重新上猪。此种断奶方法省工省时，便于操作，所以多被工厂化养猪生产所采用。

2. 断奶仔猪的管理

（1）断奶仔猪的生理特点　断奶仔猪也称保育仔猪，是指断奶后在保育舍内饲养的仔猪，即从离开产房开始，到迁出保育舍为止，一般为30～70日龄，在保育舍饲喂30 d左右，体重可达10～17 kg。断奶仔猪刚刚离开母猪，要进行独立生活的新阶段，虽然对环境的适应能力较初生仔猪相对加强，但相对成年猪仍有较大差距。因此，要根据断奶仔猪的生理特点为其提供一个良好的饲养管理条件。断奶仔猪离开了母猪的怀抱和温暖的产房，要有一个适应过程，尤其对温度较为敏感，必须保证温度为23～28 ℃，以防止温度过低导致断奶仔猪生病，通常断奶仔猪刚进入保育舍时适宜温度为24.5 ℃，体重为20～25 kg时的温度为23.5～24 ℃。这期间断奶仔猪生长迅速，食欲特别旺盛，常表现出抢食和贪食现象，称为断奶仔猪的旺食时期。由于断奶失去了母源抗体的保护，而自身的主动免疫能力又未建立完全，对传染性胃肠炎等疾病都十分易感，某些垂直感染的传染病如猪瘟、猪伪狂犬病等在这个时期也可能发生，必须为断奶仔猪提供清洁、温暖和空气清新的猪舍环境。猪舍内外要经常清扫，减少应激，定期并有计划地消毒，防止传染病发生，保持猪舍环境清洁卫生，空气新鲜。

(2) 断奶仔猪管理

①分群。民猪仔猪断奶后1～2周由于生活条件骤变，往往表现不安，增重缓慢，甚至体重减轻，尤其是哺乳期内补饲较晚、吃饲料少的更加明显。为了饲养好断奶仔猪，过好断奶关，要做到饲料、饲养制度及生活环境的“两维持、三过渡”，即维持在原圈饲养管理和饲喂已习惯的饲料，并做好饲料、饲养制度和生活环境的过渡。断奶仔猪转群时，一般采取原窝培育法，不要把几窝仔猪混群饲养，以免仔猪受到断奶和环境变化的双重应激。如果原窝仔猪过多或过少，需要重新分群，每栏容纳10～15头仔猪。

②调教管理。刚并窝的断奶仔猪吃食、卧位、饮水、排泄尚未固定位置，所以要加强调教训练，使其睡卧区和排泄区固定。调教成败的关键在于是否在猪群进入新圈时立即开始调教。猪喜欢清洁，一般喜欢在地势高、干燥、清洁的地方睡卧，热天喜睡于风凉处，冷天喜睡于温暖处。猪一般多在低处、湿处、圈角排泄粪便。民猪仔猪入圈前要事先把猪栏打扫干净，将其睡卧处铺上垫草，饲槽内投入饲料，水槽内装入清洁的饮水，并在指定排粪便处堆少量粪便，泼点水，然后把断奶仔猪赶入圈内。大多数断奶仔猪会自行到指定地点排粪便，对少数违反规定的断奶仔猪要进行调教，当其不在指定地点排粪便时应立即将其排的粪便清除掉；在夜间定时驱赶断奶仔猪排粪便，经过3～5 d调教，断奶仔猪就会养成采食、睡卧、排粪便定位的习惯。

③通风保暖。冬季要防寒保温，保持猪舍干燥、温暖，防止断奶仔猪患感冒、下痢等疾病。由于保育舍内的猪只多，密度大，在寒冷季节往往可产生大量有害气体（如NH_3、H_2S、CO_2），圈舍湿度过大，严重影响猪只健康，因此在保暖的同时要搞好通风，排出有害气体，但要防止贼风侵入圈舍。

④防疫。民猪断奶仔猪由于缺乏母乳的抗体保护，且环境发生改变，其体脂肪减少，抵抗力降低，极易遭受疾病的侵袭。因此，这一时期是防疫保健的关键时期，首先要进行免疫接种，如猪瘟疫苗、三联苗、伪狂犬病疫苗等，都在这一时期免疫接种，按免疫程序进行。同时，根据猪群的实际情况，在饲料中酌情添加促生长剂或抗菌药物。为断奶仔猪提供舒适的环境，减少应激。对断奶仔猪精心饲养，经常观察猪只，发现异常和患病仔猪立即将其隔离进行治疗，以减少疾病传播。

⑤提供充足的饮水。民猪断奶仔猪采食饲料后，需要饮用清洁足量的水。要注意经常观察饮水设备，防止滴漏，断奶仔猪适宜的相对湿度为65%～75%。

第六节　民猪育肥猪的饲养管理

民猪仔猪出生后经过哺乳期、保育期的饲养，体重可达到10～17 kg，此时开始育肥。养殖者必须掌握民猪育肥猪的生长发育规律和特点，为其提供生长所需的环境、营养等条件，采用先进的饲养管理技术，快速提高猪只体重，缩短出栏上市时间，以降低生产成本，提高养殖经济效益，为市场提供质优价廉的猪肉。

一、民猪育肥猪的生长发育规律

1. 体重的增长变化规律　猪的累积增长、绝对增长和组织的分化生长均呈现一定的规律性。民猪育肥猪体重增长（积累生长）曲线开始时上升很慢，以后迅速提高，经过一段时间又趋于缓慢，最后接近与横轴平行，曲线通常呈S形。加速生长与减速生长的转折点对民猪育肥猪生产具有重要意义，该点大致出现在育肥猪体重为成猪体重的30%～40%时，相当于育肥猪的出栏屠宰体重（75～80 kg），此时日增重开始逐渐降低。转折点出现的早晚与民猪育肥猪品种、环境和饲养管理条件有关。

应抓住转折点前的加速生长机会，充分发挥这一阶段育肥猪的生长优势，节约饲料，改善肉质。

2. 体躯组织的生长发育规律　民猪育肥猪的生长发育中，体躯各组织，如骨骼、皮肤、肌肉、脂肪的生长发育由先到后呈现一定的规律性，正常的生长优势排列顺序为骨骼→皮肤→肌肉→脂肪等。首先是骨骼发育，最先达到峰值，生长强度随年龄的增长而缓慢下降，也最早停止发育；其次是皮肤发育；最后发育沉淀的是脂肪。利用上述规律，在育肥猪育肥前期，为其提供营养丰富、优质的高蛋白质饲料，并保证氨基酸和微量元素的平衡，以促进骨骼、肌肉的发育；育肥后期可适当限饲，减少脂肪的沉积。仔猪出生后2～3月龄到活重30～40 kg这一时期是骨骼生长强度最大的时期，肌纤维也同时开始增长，当活重达到50～60 kg后脂肪开始大量沉积。

民猪出生后肌肉的增长多源于肌纤维体积的增大。一般随年龄增长而肌肉增多，纤维加粗，肌束增大，肉色变深，肉味变浓，蛋白质增多，水分减少。优良肉用型品种猪的肌肉组织成熟期推迟，在体重30～100 kg时保持快速增长，100 kg以后才开始下降直至成熟期不再增长，这是近年来屠宰体重增加到114～120 kg的根本原因。

二、民猪育肥猪管理技术

民猪育肥猪生产的目的是提高经济效益，为人类提供更多的优质猪肉。有效的方法是减少饲料消耗，缩短出栏上市时间，降低饲养成本，提高出栏率。

1. 民猪育肥猪的选择　民猪育肥猪增重的速度除与饲养管理水平有关，还与猪种的遗传因素和哺育仔猪的体重有关。杂交猪种因杂交优势、生长速度、饲料转化率、瘦肉率等方面明显优于纯种育肥猪，因此在民猪育肥猪生产中，多利用二元杂交与三元杂交的仔猪进行育肥。以民猪为母本，以引进的肉用品种为父本进行杂交的方式就是二元杂交；如果利用二元杂交所生的母猪再与引进的国外品种做终端杂交，即三元杂交。现在还有采用四元杂交的，但并非是越复杂的杂交方式越好，采用哪种杂交方式生产商品代育肥猪，要根据当地实际情况选择。

以购买仔猪进行育肥猪生产的养殖场，容易在引进猪的同时将疫病一并引入，从而对养殖场造成巨大打击。因此，有条件的养殖场应坚持自繁自养的原则，建立本场的繁育体系。必须引进时，要经过严格的检疫措施方能进行。

2. 转入后的环境管理及饲养管理

（1）圈舍的清扫消毒　民猪育肥猪转入育肥圈舍前1周，对圈舍、围栏、饮水用具等进行清扫消毒。要彻底清扫猪舍内过道，清除粪便、垫草等污物，用水冲洗干净之后再进行消毒。有条件的还可用喷灯进行高温灭菌，杀死蚊蝇虫卵；也可用2%～3%的氢氧化钠水溶液喷洒消毒。消毒要完全彻底，不留死角。转群当天，应保证舍温在24 ℃左右。

（2）组群原则　一群民猪育肥猪育肥开始时个体大小一致，有利于提高育肥效果和猪舍的利用率，也便于饲养管理。因此，对新转入的民猪育肥猪要进行合理组群。不同杂交组合的仔猪生活习性表现不同，强行并窝时经常会出现互相干扰、咬斗等现象；而且由于营养需求不同，很难进行统一饲养。因此，分群时应尽量将相同杂交组合的体重大小相近、强弱相当的猪只划为同群，有利于猪只采食、活动及休息保持一致性，便于饲养管理，保持猪只生长发育整齐，同期出栏屠宰。

（3）猪群密度与饲养规模　饲养密度明显影响民猪群居猪只的争斗、采食、饮水、活动、休息、排粪便等行为，适宜的饲养密度和群体大小对猪只的生长有利。每个猪群都有其特定的群体优胜序列，强壮的猪只具有占据有利的采食位置、优先采食及其他优先权。饲养密度过高、猪群过大时，这种争夺社群等级地位的咬斗行为就更频繁，更不易稳定，影响猪只健康和饲料转化率。饲养密度和群体过大时，猪的活动时间明显增多，休息时间减少，猪只散发的热量越多，舍内温度较高，不利于夏季防暑。饲养密度越大，猪只呼吸排出的水汽量越多，粪便量大，舍内湿度也越高。同时，舍内的有害气体、微生物、尘埃数量也越多，空气卫生情况越差。饲养密度要根据育肥猪体重、气温和猪舍结构进行适当调整。在温度适宜、通风良好和圈舍环境良好的情况下，每栏饲养头数不超过 20 头，以 10～15 头为宜。育肥前期（体重 20～35 kg）每头饲养面积为 0.3～0.5 m^2，育肥中期（体重 35～60 kg）每头饲养面积为 0.6～0.7 m^2，育肥后期（体重 60～100 kg）每头饲养面积为0.8～1.0 m^2。每栏饲养密度具体可根据季节温度变化做适当调整，冬季适当加大饲养密度，夏季相应减小饲养密度。

（4）去势　民猪仔猪去势一般在出生后 10～15 d 完成，此时去势具有伤口小、愈合快、手术费用低等优点。还有一部分准备种用但淘汰的后备繁育公猪需要去势，去势时间要尽量早，以利于伤口愈合。去势后的育肥猪圈舍要保证清洁、干燥，以防止伤口感染。

（5）组群后的调教　民猪育肥猪并群后，原有的生活秩序被打乱，因此在并入新圈时要利用猪的生活习性及时调教，使其养成新的在固定位置排粪便、采食、饮水和休息的良好习惯，以方便饲养管理和保证猪只健康。调教方法基本与断奶仔猪相同。猪入舍前，先把猪圈、猪栏、饲槽等打扫消毒后，在地势高的地方铺设垫草，并保持清洁干燥；在指定排泄的地方洒些水或堆放少量粪便；在食槽内投放饲料；水槽内装上清洁的水，然后把育肥猪赶入圈内。对个别不遵守秩序的猪只要进行调教，把不在指定地点排出的粪便及时清除掉或放到指定位置。调教一定要细心，1 周内猪群就会养成采食、休息和排粪便定位的习惯。在生长育肥舍内放些小铁环、小石块之类的硬东西供其玩耍，分散精力，增加运动量。

（6）保证适宜的温度、湿度和通风换气

①温度。民猪育肥猪适宜的温度一般为 16～21 ℃，适宜温度随猪体重变化而变化。体重 60 kg 以前时的适宜温度为 16～20 ℃，体重 60～90 kg 时的适

宜温度为14～20℃，体重90 kg以上的适宜温度为12～16℃。在适宜温度下，猪生长速度较快，饲料转化率较高（赵晓明，2003）。

②湿度。湿度对民猪育肥猪的影响远小于温度，通常湿度与温度共同产生影响。如果温度适宜，空气湿度对育肥猪增重无显著影响，但当环境湿度较高时，如相对湿度从45%上升到95%，猪的平均日增重下降6%～8%。在适宜温度下，空气相对湿度为50%～75%时育肥效果最好。

③通风换气。猪舍内猪体呼吸产生的气体、排出的粪便、垫草、饲料长时间堆积及污水长时间滞留，易发生厌氧分解，产生硫化氢（H_2S）、氨气（NH_3）、二氧化碳（CO_2）等气体污染空气。若通风不良或管理不善，这些气体长期滞留舍内，浓度会大大增加，将会危害猪只健康，增加养殖费用，也会危害周围环境。据测，空气中含有50 mg/kg的NH_3时，将会严重损伤猪呼吸道黏膜的防御功能。H_2S浓度超过20 mg/kg时，猪只食欲丧失、呕吐，甚至死亡。

温度、湿度和通风换气3个因素互相影响，在温度升高时要加强通风或降低湿度；湿度过大时，也可采取通风换气的方法降低湿度。建舍时应考虑猪舍保温、通风换气的需要，设置必要的通风设备，需要时可进行机械强制通风。此外，还应加强猪舍管理，保证圈舍清洁卫生，及时清理圈舍，经常打扫，定期消毒，减少污浊气体和污水的滞留。保持圈舍适宜湿度，减少舍内尘埃和微生物的产生。

三、民猪育肥猪适时出栏屠宰

生产中主要根据猪的生物学特性（如胴体品质）、市场对猪肉产品的需求和养殖者的经济效益来确定民猪育肥猪适宜的出栏时间。

根据猪的躯体发育规律，民猪的体重越大，增重成分中的脂肪比例越高，但胴体瘦肉率随之下降，每千克增重所消耗的饲料量、饲养管理费用随之增加，从而增加养猪成本，降低养猪效益。但出栏体重过小，则屠宰率低，产肉量少，肉质差，每单位体重负担母猪成本增大，从而降低养猪效益。一般在体重达100～120 kg时出栏为宜。

随着生活水平的提高，人们对肉品质量要求也越来越高。因此，民猪育肥猪生产者要提高饲养管理水平，培育健康生猪，生产优质合格肉，在生产中注意抗生素等药物的残留，检测合格的方可出栏。日常管理中，要精心饲养，满

足其适宜的生物学环境。出栏运输时，要减少对猪的应激，不要踢打育肥猪，以抑制 PSE 肉的发生。

第七节　民猪林下放养

一、林下放养适宜体重

1. 方法　体重为 10 kg、30 kg 和 50 kg 的民猪育肥猪各 100 头进行林下放养，测定其日增重、料重比、死亡率。

2. 结果与分析　见表 4－1。

表 4－1　林下放养民猪生长性能

季节	体重（kg）	日增重（kg）	达 110 kg 日龄	料重比	死亡率（%）
夏季	10	0.37	321	5.4∶1	4.7
	30	0.41	302	5.2∶1	4.5
	50	0.53	289	5.0∶1	2.1
冬季	10	0.32	363	6.0∶1	17.7
	30	0.36	327	5.5∶1	8.2
	50	0.48	301	5.4∶1	3.3

由表 4－1 可见，50 kg 体重的林下放养民猪，其日增重、料重比和达到 110 kg日龄都优于其他体重放养民猪育肥猪，尤其是冬季死亡率方面，50 kg 体重放养死亡率与 10 kg 及 30 kg 体重相比，差异显著。根据当地情况和放养季节，在体重为 40～60 kg 时进行放养，此时猪各项机能比较健全，对外界不利因素有较强的抵抗能力。体重过大，生活习性已经形成，适应能力差；体重过小，抵抗外界不利因素能力弱，放养不易成功。

二、林下放养补饲区建设

1. 林下放养补饲区设计（图 4－19）　由饲料投放区、饮水区、控制区和隔离区组成，其中饲料投放区设置于补饲区一侧，其上设置 2 m 高遮阳顶，安置双面自动采食槽 10 个，固定于坚实的地面上；饮水区设置于饲料投放区对侧，安装自动饮水器 20 个，并配备水箱 1 个，若上水不便可改用水槽饮水；控制区由控制区入口（1 m）、可移动挡板、出猪台和控制区出口（2 m）组成；隔离区由入口（50 cm）和出口（1 m）组成。

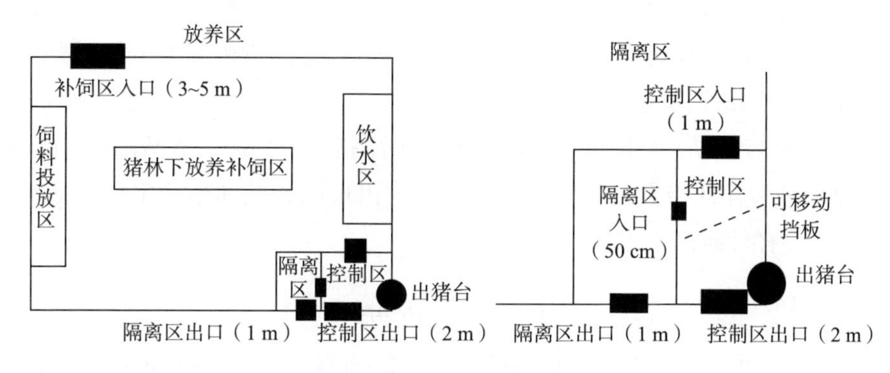

图 4-19　林下放养补饲区设计

2. 林下放养补饲区使用方法　林下放养，有固定地点、固定时间、固定口令。育肥猪由补饲区入口进入补饲区域，于饲料投放区采食。遮阳顶的作用是遮挡阳光和雨水。于饮水区饮水，采食结束后通过控制区入口进入控制区，通过控制区出口返回林下放养。如有需治疗隔离猪只，通过可移动挡板进入隔离区进行治疗操作后，通过隔离区出口返回林下放养。采用补饲区入口、出口封闭的方法进行林下放养，猪出栏时，通过可移动挡板控制猪留在出猪台附近，通过出猪台上车出栏。

3. 林下放养补饲区设计优势　饲料投放区、饮水区采用自由采食、饮水的方式，既利于补饲，又方便操作；控制区和隔离区配合使用，既方便患病猪只的隔离，又有利于患病猪只的观察和治疗；控制区和出猪台的配合使用，使猪只出栏工作简便易行，安全可靠；饲养规模合理，适合放养猪群规模为 30～50 头；适合放养林地为阔叶林或混交林，可采用不同补饲点多层次轮牧的方法，既可保证猪群有充分的食物来源，又不会对林地造成破坏；建设成本较低，简单易行，建设所用材料可因地制宜进行选用，砖混及木质结构皆可。

三、林下放养群体控制

1. 方法　夏季，以 50 头和 100 头民猪育肥猪为群体进行 90 d 的林下放养，同时采用补饲区配合多层次轮牧技术（每 15 d 交替更换放养区域）进行放养，通过样方分析法和现场观察记录法开展地表草本植物多样性研究。

首先选定区域，在两个养殖区域距离补饲区 10～20 m 处各打 10 个样方

(使用 5 点取样法，先打 5 m 见方的样地，打好对角线，取 4 个顶点和对角线的交点共 5 个，边长为 0.5 m 的样方)，每 30 d 记录样方内草本植物种类和数量来进行总结分析。

2. 结果与分析　Shannon-Wiener 多样性指数（Shannon-Wiener Index，H′）是物种多样性指数，用来描述种的个体出现的紊乱和不确定性。不确定性越高，多样性越高，根据公式

$$H' = -\sum_{i=1}^{n} p_i \ln p_i$$

式中，p_i表示第 i 个种占总数的比例，得到表 4－2 各样地的生物多样性指数。

表 4－2　民猪不同放养数量林下生物多样性指数比较

群体规模	0 d	30 d	60 d	90 d
50 头	2.690	2.710	2.674	2.450
100 头	2.772	2.537	2.218	1.379

根据地表草本植物多样性检测结果，采用补饲区配合多层次轮牧技术时，放养群体规模 50 头优于 100 头（表 4－2），群体规模扩大，地表草本植物多样性降低，从而确定育肥猪林下放养规模为 30～50 头。

第五章 民猪疾病防控

第一节　民猪常见病防治

民猪抗逆性强，对胃肠道疾病、呼吸道疾病的抵抗力明显高于引进猪种，发病率和死亡率均低于引进猪种及其杂交品种，生产性能受疾病影响程度和疾病导致的经济损失也低得多。虽然民猪繁殖性能好，但母猪产后疾病多发的情况也要引起高度关注。根据王亚波等（1996）报道和民猪生产实践，现将东北民猪常见的疫病及防治措施分述如下。

一、乳腺炎

1. 发病原因

①多发生于初饲养母猪的养猪场，因担心母猪泌乳供应不足，采取的补饲方法不当，补饲时间早，往往在母猪分娩后就补饲，且补饲的饲料质量过好，数量过多，导致泌乳量过多，加之仔猪小，吮乳量有限，乳汁滞积而引发乳腺炎。

②猪舍卫生条件差，湿度大，母猪分娩后，机体抵抗力相对较低，细菌通过松弛的乳头孔进入乳房，乳头受体表寄生虫侵袭，诱发乳腺炎。

③母猪分娩后，泌乳量不足，加之仔猪较多时，不容易固定乳头，仔猪咬伤乳头后感染所致。

④有些品种猪脊背过于凹陷，或老年经产母猪，腹部松弛、下垂，妊娠后期乳头触地摩擦而感染。

2. 临床症状

（1）急性乳腺炎　患病乳房有不同程度的充血（发红）、肿胀（增大、变硬）、温热和疼痛，乳房上淋巴结肿大，乳汁排出不畅或困难，泌乳量减少或停止；乳汁稀薄，含乳凝块或絮状物，有的混有血液或脓汁。严重时，除局部症状外，还有食欲减退、精神不振、体温升高等全身症状。

（2）慢性乳腺炎　乳腺患部组织弹性降低，硬结，泌乳量减少，挤出的乳汁变稠并带黄色，有时内含凝乳块。多无明显的全身症状，少数病猪体温略高，食欲降低。有时由于结缔组织增生而变硬，致使泌乳能力丧失。

（3）其他类型　结核性乳腺炎表现为乳汁稀薄似水，进而呈污秽黄色，放置后有厚层沉淀物。无乳链球菌性乳腺炎表现为乳汁中有凝片和凝块。大肠杆菌性乳腺炎表现为乳汁呈黄色。绿脓杆菌和酵母菌性乳腺炎表现为乳腺患部肿大并坚实。

3. 防治措施

（1）全身疗法　抗菌消炎常用的有青霉素、链霉素、庆大霉素、恩诺沙星、环丙沙星及磺胺类药物，肌内注射，连用3～5 d。青霉素和链霉素，或青霉素与新霉素联合使用治疗效果为好。

（2）局部疗法　慢性乳腺炎时，将乳房洗净擦干后，选用鱼石脂软膏或鱼石脂、鱼肝油、樟脑软膏、5%～10%碘酊，涂擦于乳房患部皮肤，或用温毛巾热敷。另外，乳头内注入抗生素，效果很好，即将抗生素用少量灭菌蒸馏水稀释后，直接注入乳管。在用药期间，吃奶的仔猪应人工哺乳，以减少对母猪的刺激，同时使仔猪免受乳汁感染。急性乳腺炎时，用青霉素50万～100万U，溶于0.25%普鲁卡因溶液200～400 mL中，做乳房基部环形封闭，每天1～2次。

（3）中药治疗　蒲公英15 g、金银花12 g、连翘9 g、丝瓜络15 g、通草9 g、穿山甲9 g、芙蓉花9 g。研磨成末，开水冲调，一次灌服。已成脓肿者，应尽早切开，外科处理。

预防该病，要加强民猪母猪猪舍的卫生管理，保持猪舍清洁，定期消毒。母猪分娩时，尽可能使其侧卧，助产时间要短，防止哺乳仔猪咬伤乳头。

二、子宫内膜炎

民猪母猪在配种、人工授精、分娩、助产、流产时，如果不注意卫生或消毒不严，会将细菌带入子宫，造成母猪的生殖道感染，其中以大肠杆菌、棒状杆菌、链球菌、葡萄球菌、绿脓杆菌、变形杆菌等为多，导致子宫内膜炎。分娩时产道操作或部分胎衣残留在子宫中，也能引起子宫内膜炎。栏舍地面卫生不良，或母猪在有污水的运动场内活动时，细菌也可经阴门进入子宫引起炎症。

1. 临床症状　多发于产后及流产后，病猪体温升高，时常努责，从阴道内排出暗红色或棕黄色污秽不洁的黏液或脓性分泌物，并黏着在阴门周围，有时恶臭，母猪产后 10 多 d，小便时排出大量白色或褐色液体。这种疾病使子宫变得不适于精子、卵子和胚胎生存，导致发情母猪屡配不孕。慢性子宫内膜炎时，病猪一般食欲或精神正常；急性子宫内膜炎时，病猪食欲减退或废绝，体温 39.5～42 ℃。

2. 预防措施　保持猪舍清洁干燥，配种和助产时严格消毒，助产后应在子宫腔内塞入抗生素胶囊。

3. 治疗方法

①在母猪发情后的 12 d 注射前列腺素（$PGF_{2\alpha}$），在观察到发情后的 12 d 再注射 $PGF_{2\alpha}$。在每次注射 $PGF_{2\alpha}$后 2～3 d 发情时，先肌内注射 20～40 IU 催产素，促进子宫收缩，排出子宫内容物，然后用消毒药水清洗和消毒阴门，向子宫内注入抗菌消炎药物。如果发病是在产后哺乳期间，则不必注射 $PGF_{2\alpha}$。如果体温升高，则要静脉注射或肌内注射抗生素。痊愈后，母猪发情时就可配种。

②首先清除积留在子宫内的炎性分泌物，用 0.02%新洁尔灭溶液，0.1%高锰酸钾溶液冲洗子宫，然后向子宫内注射青霉素 80 万 U×4 支，每天 2 次。为促使子宫内炎性分泌物排出，也可用催产素 50 万 IU，每天 1 次，连用 1 周。

三、阴道脱出

民猪阴道壁一部分或全部突出于阴门之外，称作阴道脱出。此病在产前或产后均可发生，尤以产后发生较多。

1. 发病原因　民猪母猪饲养不当，如饲料中缺乏蛋白质及无机盐，或饲料不足，造成母猪瘦弱，经产母猪全身肌肉弛缓无力，阴道固定组织松弛。猪舍狭小，运动不足，妊娠末期母猪经常卧地，或发生产前瘫痪，可使腹内压增高。此时子宫和内脏共同压迫阴道，而易发生此病。

此外，母猪剧烈腹泻而引起的不断努责，产仔时及产后努责过强，以及难产时助产抽拉胎儿过猛，均易造成阴道脱出。

2. 临床症状 临床上根据阴道脱出的程度，分为阴道不全脱和阴道全脱。

（1）阴道不全脱 母猪卧地后见到从阴门突出鸡蛋大或更大些的红色球形的脱出物，而在站立后脱出物又可缩回，随着脱出的时间延长，脱出部逐渐增大，可发展成阴道全脱。

（2）阴道全脱 为整个阴道呈红色大球状物脱出于阴门之外，往往母猪站立后也不能缩回。严重的，可于脱出物的末端发现呈结节状的子宫颈阴道部。有时直肠也同时脱出。如不及时治疗，常因脱出的阴道黏膜暴露于外界过久，而发生瘀血、水肿乃至损伤、发炎及坏死。

3. 防治措施

（1）治疗 阴道不全脱时，应分析其原因，改善饲养管理，加强运动，多垫褥草，尽量将猪后躯垫高。脱出部受损伤或发炎时，可用0.1%高锰酸钾液或2%明矾液冲洗。一般情况下，阴道不全脱出不需要整复和固定，待产仔后脱出的阴道可自行回缩。

阴道全脱时，必须施行整复和固定。首先彻底清洗脱出部，再用0.1%高锰酸钾液或2%明矾液冲洗，冲洗后用手将脱出部还纳到原位，然后采用阴门缝合法进行固定。阴门的缝合多用纽扣缝合法、圆枕缝合法、双内翻缝合法或袋口缝合法。用前3种缝合法时，应从距阴门3～4 cm开始缝合，并且用三道缝合，只缝阴门上角及中部，以免影响排尿。采用袋口缝合法时，也应在距阴门3～4 cm处下针。缝合数日后，如果母猪不再努责，或临近分娩时，应立即拆线。

另一方法是用温热的浓明矾水洗净脱出部分，并用手轻轻揉摩，然后缓慢向阴道壁内注射70%乙醇10 mL，随后将脱出阴道还纳至原位，并不需要缝合阴门。3～4 d内喂给稀的易消化饲料，不要喂得过饱，以减轻腹压。

（2）预防 妊娠后期的母猪要加强饲养管理，饲料中要含有足够的蛋白质、无机盐及维生素。值得特别注意的是，母猪每天要有适当的运动，以增强体质。

四、湿疹

湿疹又称湿毒症，主要是仔猪长期生活在潮湿的环境中造成的，尤其是高温季节该病的暴发率更高。

环境不卫生，仔猪长期处于潮湿的圈舍内；仔猪断奶并圈后，运动场地小，粪便清除不及时，光照不足均易发生本病。

1. 临床症状　病初猪的颌下、腹部和会阴两侧皮肤发红，同时出现蚕豆大的结节。病猪瘙痒不安，以后随着病情加重，病猪皮肤出现水疱、丘疹，水疱、丘疹破裂后常伴有黄色渗出液，最后结痂或转化成鳞屑等。急性病猪若治疗不及时常会转为慢性，因皮肤粗厚、瘙痒，猪常蹭墙、料槽和树止痒，导致全身被毛脱落，出现局部感染、糜烂或化脓，久之猪体消瘦，虚弱而死。

2. 治疗方法

（1）急性型的治疗　可给病猪静脉注射氯化钙或葡萄糖酸钙10～20 mL，同时内服维生素A 5 000 IU，维生素C片和复合维生素B片各0.5～2 g，必要时可注射肾上腺素0.5～1.5 mL。对于患部出现潮红、丘疹的病猪，可用鱼石脂1 g、水杨酸1 g、氧化锌软膏30 g，混合后涂擦，每天1次。患部渗出液较多时，可涂擦3%～5%的甲紫酒精溶液或撒上等份的硼酸和鞣酸混合粉剂。

（2）慢性型的治疗　取红花9 g、当归15 g、党参14 g、苍术9 g、桃仁9 g、生芪15 g、茯苓9 g、赤芍12 g、丹参15 g，煎水，去除药渣后掺入少量精饲料给病猪喂服。外洗治疗可先用肥皂水洗净患部，再涂擦10%的硫黄煤焦油软膏。如果病猪患部化脓，可先用0.1%的高锰酸钾溶液清洗，再撒上消炎粉。如患部结痂、鳞屑积聚，可先用3%的过氧化氢冲洗干净，再涂上鱼石脂软膏。

3. 预防　经常清扫猪圈，保持舍内清洁干燥，防止圈内漏雨，勤晒垫草。墙壁太潮湿的还可撒一些石灰除潮。

五、肺炎

肺炎又称气喘病、支原体肺炎或地方流行性肺炎，是猪肺炎支原体引起的猪的一种接触性、慢性、消耗性呼吸道传染病。本病的主要临床症状是病理变化部位主要位于胸腔内。肺脏是病变的主要器官。急性型病例以肺水肿和肺气肿为主；亚急性型和慢性型病例可见肺部“虾肉”样实变。发病猪的生长速度缓慢，饲料转化率低，育肥期延长。

1. 病原和发病机制　本病病原体为猪肺炎支原体，革兰氏阴性，无细胞壁，姬姆萨或瑞氏染色呈多形性，有球状、环状、杆状、点状和两极状。能在无细胞的人工培养基上生长，但对生长条件要求严格。猪肺炎支原体对外界环境抵抗力不强，在外界环境中存活不超过 36 h，病肺组织块内的病原体在 −15 ℃可保存 45 d。常用的化学消毒药均能将其杀灭。猪肺炎支原体对青霉素、磺胺类药不敏感，对壮观霉素、土霉素、卡那霉素、林肯霉素和泰乐菌素敏感。

猪肺炎支原体主要存在于感染猪的呼吸道、肺组织、肺门淋巴结和纵隔淋巴结中，病猪和携带病原猪是其主要传染源。其传播途径主要有呼吸道、直接接触和飞沫，病原只感染猪。

2. 流行特征　本病具有明显的季节性，以冬春季节多见，以哺乳猪和仔猪较易感，发病率和死亡率较高；其次是妊娠后期的母猪和哺乳母猪，育肥猪发病较少。母猪和成年猪多呈慢性和隐性感染。仔猪大都因接触带菌母猪而感染。被感染的仔猪在断奶时再传染给其他仔猪，密集饲养可促进其传染。本病的潜伏期较长，因此有更多的猪群在不被发觉的情况下受到感染，致使本病常存于猪群中。本病的感染率高，死亡率低，但能造成生长障碍及生长速度降低。

病猪和携带病原猪是本病的传染源。病原体存在于病猪及携带病原猪的呼吸道及其分泌物中，在猪体内存在的时间很长，病猪在症状消失之后半年至一年多仍可排出病原。猪场发生本病主要是从外面购入隐性感染猪所致，哺乳仔猪常由患病母猪传染。呼吸道是本病的传染途径之一。病原体随病猪咳嗽、气喘和喷嚏的分泌物排到体外，形成飞沫，经呼吸道感染健康猪。随着规模化养猪业的发展，猪支原体肺炎呈现新的流行特点。

（1）仔猪发病率增高，成年猪多呈隐性感染　特别是在 25～45 日龄仔猪断奶时期，由于分群、变换饲料和改变饲养环境等产生的应激反应，导致仔猪抗病力下降，容易发生该病，且发病率和死亡率较其他时期都高。

（2）规模养殖场发病率增高，发病面积扩大　随着规模化养猪业的发展，异地引种和流通频繁，但在引种和流通交易过程中，由于检疫把关不严，未严格按照检疫规程实施产地检疫和实验室检验，不能准确识别出“病猪”，造成许多携带病原微生物的隐性感染猪带菌异地传播，导致该病在一些猪场大面积流行。同时，由于规模养殖场饲养密度较大，而饲养管理不善，发病情况远远高于散养户。

（3）发病季节明显，混合感染居多　冬春季节由于气温较低，许多养殖场为了保证猪舍温度而忽视了通风换气，导致空气质量下降，从而诱发本病。本病在饲养管理和卫生条件差的猪场容易发生。如有的猪场防疫消毒不严格，导致养殖场环境污染严重，多种病原长期存在，猪群处于隐性感染状态，一旦机体抵抗力下降，即可引起混合感染，造成多种疾病同时发生，从而加大了防治难度。

本病冬春寒冷季节多见，四季均可发生。猪舍通风不良、猪群拥挤、天气突变、阴湿寒冷、饲养管理和卫生条件不良可促进本病发生，加重病情，如有继发感染，则病情更重。常见的继发性病原体有巴氏杆菌、肺炎球菌等。猪场首次发生本病常呈暴发性流行，多取急性经过，症状重，病死率高。在老疫区猪场多为慢性或隐性经过，症状不明显，病死率低。

在自然感染的情况下，易继发巴氏杆菌、肺炎球菌、胸膜肺炎放线杆菌、沙门氏菌及各种化脓性细菌、猪鼻支原体及粒状衣原体等，从而引起病势加剧和死亡率升高。

3. 临床诊断　本病临床症状及解剖病变，可供诊断参考。当一大群猪出现阵性干咳，气喘，生长阻滞或延缓却死亡率很低等现象时即可怀疑本病。解剖病变为肺脏的病灶与正常肺组织之间分界清楚，两侧对称而病变区大都限于尖叶、心叶、中间叶及膈叶前下部，有胰样坚实的感觉。

4. 预防措施

（1）坚持自繁自养，杜绝外来发病猪只的引入　如需引入，一定要严把隔离检疫关（观察期至少为 2 个月），同时做好相应的消毒管理工作。

（2）保证猪群各阶段的合理营养，避免饲料霉败变质　结合季节变换做好小环境的控制，严格控制饲养密度，实行全进全出制度，多种化学消毒剂定期交替消毒。

（3）疫苗免疫接种　传染性胸膜肺炎疫苗一定要注入胸腔内，肌内注射无效；注意疫苗免疫接种前 15 d 及免疫接种后 2 个月内不饲喂或注射土霉素、卡那霉素等对疫苗有抑制作用的药物。

（4）猪肺炎支原体可以改变表面抗原而造成免疫逃逸，导致免疫力减弱，因此猪场需配合药物防治，一般一个疗程为 3～5 d，特别是妊娠母猪应进行药物预防，其所产仔猪单独饲养，不留种用。条件具备的猪场实行早期隔离断奶，尽可能减少母猪和仔猪的接触时间。

5. 治疗方法

（1）敏感药物

大环内酯类：泰乐菌素、替米考星。

多烯类：泰妙菌素（支原净）。

氟喹诺酮类：恩诺沙星、环丙沙星、氧氟沙星、诺氟沙星。

四环素类：盐酸多西环素。

（2）用药方案　猪支原体肺炎的最大特点是病程长，病原可能吸附到特定的深部组织而发生逃避反应，使药物不能很好地接触病原而使疗效不稳定。因此，对群体混饲或混饮长期治疗是控制本病较好的方法。

①在每吨饲料中拌泰乐菌素 500 g 加盐酸多西环素 150 g，连续饲喂 5～7 d，剂量减半，再连续使用 2 周。

②在每吨饲料中拌替米考星 200 g，连续饲喂 2 周。

③在每吨饲料中拌泰妙菌素（支原净）200 g，连续饲喂 7 d，或在 100 L 饮水中添加本品 100 g，连续饮用 7 d，然后将剂量减半，继续使用 1～2 周。

④在每吨饲料中拌恩诺沙星、氧氟沙星或诺氟沙星 150 g，混饲 5～7 d，然后剂量减半，继续使用 1～2 周。

六、产后尿闭

产后尿闭也称尿潴留，即猪生产后 1～10 d 排尿困难，是母猪产后的一种常见病。

1. 发病原因　多为母猪怀的胎儿太多以及胎儿个头太大，导致膀胱长时间受腹腔盆腔压迫逐渐下沉发生尿闭。另外一种情况是尿道口在恶露流出的时候被堵塞，其表现为尿淋漓以及排尿困难。临床表现为进食量少、躁动不安、腹部臌胀，触摸有波动感，频繁做排尿动作但没有尿液排出或点滴排出。

2. 治疗方法

（1）中兽医治疗

①挤压法。首先由助理拉住母猪尾巴，然后兽医与另一位助理用一根光滑木棍或扁担从母猪腹部下面穿过，将母猪腹部抬起，从前往后挤压，并且在抬起时轻轻向后部晃动，这时就能够看见尿液排出，直到腹部缩小到正常大小为止。一般治疗一次即可，有的也需要两三次。

②常规导尿法。首先将母猪赶到斜坡上，用手在母猪外阴处适度平行向前推动数次，母猪腹部恢复正常后即可排尿或将消过毒的橡胶手套涂上润滑油，五指并拢伸向阴道，将后移的阴道向前推即可帮助母猪顺利排尿。如果用以上方法都不能恢复，就可判断可能是恶露堵塞了尿道口。此时将导尿管消毒，并

涂上润滑油，将母猪侧卧并保定，依照常规导尿术为其导尿，一次即可恢复。

（2）中药治疗　母猪产后体质虚弱，以中药配方补气、健脾、利尿。配方为黄芩 20 g、泽泻 30 g、甘草 15 g、茯苓 50 g、车前子 30 g、木通 30 g，将中药与饲料混合，温水搅拌，内服。通常此药一剂就能恢复。

七、产后瘫痪

产后瘫痪又称产后风，以母猪分娩后突然昏迷、知觉丧失及四肢瘫痪、低钙血症为主要特征。营养缺乏、体质瘦弱，饲料中钙磷失调以及食盐含量不足，均会导致母猪产后瘫痪。

1. 发病原因　母猪产后瘫痪主要发生在产后，产前发生较少见，慢性型在产后 2～6 d 出现临床症状，急性型在生产过程中就可发病。分清母猪产后瘫痪的发病原因，有利于治疗的开展和母猪的康复。

（1）母猪自身因素　随着胎儿在母猪体内不断生长，双方对钙离子的“争夺”加剧，母猪易发生继发瘫痪。另外，妊娠后期胎儿的重量、体积都达到最大，羊水增多，压迫腹腔器官导致胃肠消化机能降低，特别是小肠对钙的吸收减弱。有调查发现，饲喂粗饲料较多的母猪，发生产后瘫痪的概率较低。母猪产后泌乳，大量血钙、血糖由乳汁排出体外，且产后母猪胰腺活动增强，导致母体血糖浓度降低，当血钙、血压降低到一定程度时，机体首先调用储存在海绵状骨内的钙、磷，其次是抽调软骨内的钙、磷，最后利用致密骨内的钙、磷而出现骨骼变形和骨质疏松症。

母猪患胃肠疾病，使机体的消化吸收功能发生障碍，影响钙和维生素的吸收，也会引起母猪骨骼缺钙。另外，后备母猪过早配种，分娩后从乳中排出钙的数量超过了从饲料中摄取及骨骼动员出来钙数量的总和，易导致钙呈负平衡。老龄母猪分娩后体弱，也易引起钙缺乏。

（2）管理因素　饲养环境差，消毒不彻底，产后护理不到位，以及母猪分娩后气血双亏，体弱，御寒能力弱，圈舍阴冷潮湿，寒风吹袭引起母猪体内经络阻滞而发生瘫痪。另外，缺乏光照和运动，维生素 D 原不能转化为维生素 D，导致钙盐的吸收发生障碍等，都可诱发产后瘫痪。由于胎儿过大，产道狭窄，助产时用力牵引胎儿时使母猪后肢神经受挫，发生骨盆韧带的损伤，也可导致母猪后肢瘫痪。

（3）营养因素　母猪生产过程中大量出血，能量和营养物质大量消耗，血容量降低，若产前饲料中钙、磷长期不足或比例失调，精饲料中含植酸磷的谷类、豆类比例过高，磷不但不易被吸收反而影响机体对钙的吸收，产后又未能及时补充钙、磷、矿物质等，导致母猪吸收的钙质不足，母猪将会有发生软骨症的风险，尤其是高产母猪症状更明显。随泌乳量的增多，病情趋向严重。

有些猪场，尤其是饲养散户在母猪妊娠期饲养过程中饲料配方单一，常饲喂单一的玉米、米糠和麦麸，没有添加适当比例的磷酸氢钙以及母猪专用添加剂，而妊娠期胎儿生长需要较多钙质，加重了妊娠母猪钙的不足。另外，日粮中若缺乏维生素 A，会造成神经系统病变，骨骼肌麻痹而呈现运动失调，最初见于后肢，然后见于前肢。

2. 临床症状　母猪产前体温、食欲等均无明显异常，但发现有行动迟缓、后肢起立困难、步态不稳、摇摆的倾向。产后出现起立困难、无精打采，部分母猪发热（40 ℃左右），食欲减退、少吃不喝，站立不能持久，扶起后呆立，行走时摇摆，驱赶时发出哀叫声，有明显的痛感。严重者后肢拖地行走，常侧卧于地，两后肢随之出现瘫痪不动，呈“八”字形分开。食欲减退或废绝，粪便干硬呈算盘珠状且少，然后停止排粪便。还可能出现啃砖、食粪等异食现象，泌乳量减少或无乳，拒绝哺乳。仔猪因得不到充足的乳汁而死亡。

3. 治疗方法

（1）西医治疗　对重病猪，可用 10%葡萄糖酸钙溶液 100～200 mL，维生素 C 20 mL，复方水杨酸钠 30 mL，静脉注射，每天 1 次，3 d 为 1 疗程，连用 2 个疗程，效果较佳。对病程时间较长、营养衰竭的病猪，可先用 5%葡萄糖溶液 500～1 500 mL 灌肠，再用 10%的葡萄糖酸钙溶液 50～100 mL，50%葡萄糖溶液 200 mL 静脉注射。有严重便秘者可内服硫酸镁或硫酸钠缓泻，也可灌服温肥皂水洗肠。

对病情较轻者，要加强产后护理，提高饲料中钙、磷含量，饲喂钙制剂等，对其仔猪要尽量提早断奶或实行寄养，以保证母猪的使用年限。若只是纯粹的瘫痪，体温不变或略高。如果体温升高，可能伴有细菌感染，治疗时要配合使用抗生素。

需要注意钙制剂的使用。母猪产后瘫痪首次注射应选用大剂量钙制剂，但不能超量，注射速度也不能太快，且必须采用静脉注射，以免引起心室纤颤或骤停于收缩期，使心跳加快或节律失常而导致意外死亡，注射过程中不能漏到血管外，避免引起局部组织肿胀甚至坏死。还要严密监听心脏，尤其是注射到

1/3剂量时，如果心率变化不大说明用量最佳；如果心率开始降低然后又回升到原来的心率，应停止注射；若出现心跳明显加快、心律不齐时，应立即停止注射，否则会因超量导致母猪死亡。对治疗要有耐心，选用高钙制剂药物治疗，一般需要7～10 d的治疗期。

(2) 中医治疗　取当归20 g、地丰20 g、防风20 g、羌活20 g、桑寄生15 g、威灵仙15 g、杜仲5 g，水煎汁，一次灌服。连续喂给，直至痊愈；也可取当归20 g、川芎20 g、鸡蛋壳25 g，共研为细末，用水冲调后一次灌服，连续喂给，效果良好。

在用药的同时配合针灸可提高治疗效果。针灸百会穴对受阻的经络有通经活络作用，并能促进肠道蠕动，排空燥粪，减少毒素的吸收，促进康复。百会穴在腰间十字结合的凹陷处，针灸针经消毒处理后，垂直进针3～5 cm。若刺准穴位，提插捻转针头猪反应强烈，阵阵嚎叫、肌肉颤抖并频繁排粪，此时要大幅度捻转或食指重弹针头，增加刺激强度，留针5～10 min。若进针后母猪反应迟钝，则未插准穴位，应退针（不必退出皮下，向前或向后刺入）重试直至反应强烈为止。

4. 预防措施　母猪妊娠后期和泌乳期应补饲骨粉、鱼粉、蛋壳粉、贝壳粉等。冬春季节要补喂优质豆科牧草（苜蓿草）和青绿饲料，如红薯叶、黑麦草等母猪都喜欢采食，但青绿饲料一次不能饲喂太多以免发生腹泻。平时在母猪日粮中要多注意钙、磷的添加和比例，在妊娠后期和泌乳期钙应占日粮的0.6%～0.7%，钙、磷比例一般应维持在（1～2）：1，蛋白质应占日粮的17%。

本病多发于产仔多、泌乳性能好的母猪，所以要高度关注高产母猪，7日龄进行仔猪补料。对于消瘦母猪（背膘厚度低于16 mm），仔猪应提前断奶。母猪分娩时静脉注射葡萄糖酸钙50 mL，能很好地预防母猪哺乳期缺钙而引起的瘫痪。对有产后瘫痪史的母猪，在产前20 d静脉注射10%葡萄糖酸钙100 mL，每周1次，以预防本病的发生。若有条件，则让母猪每天在阳光下运动2～3 h，以促进钙吸收。人工助产要选择有经验的饲养员，以防止坐骨神经被损伤。

第二节　民猪的免疫防控

民猪适应性好，抗病能力强。在免疫防控方面，与一般的商品猪有很大的差别。根据实践，在民猪生产中，主要是防控猪瘟、伪狂犬病、蓝耳病和口蹄疫 4 种疫病。

一、各舍的参考免疫程序

1. 分娩舍免疫程序

①仔猪出生后 3 日龄补铁，肌内注射牲血素 1 mL。

②10 日龄补硒，耳根部肌内注射 0.1 mL 亚硒酸钠及维生素 E 1 mL/头。

③18～20 日龄首免猪瘟疫苗 1 头份/头，50～60 日龄注射猪瘟疫苗1 mL/头。

④45 日龄注射口蹄疫疫苗 1 mL/头。

⑤70 日龄体内外驱虫，阿维菌素、阿苯达唑（驱虫净）按说明使用。

⑥母猪产后 30 d 注射猪瘟疫苗 2 mL/头，产后 45 d 注射蓝耳病疫苗 2 mL/头，伪狂犬病疫苗 1 mL/头。

2. 妊娠舍免疫程序　母猪产前 45 d 补硒，颈部注射亚硒酸钠 8～10 mL。

3. 配种舍免疫程序

①种公猪每年春秋配种前免疫接种猪瘟、口蹄疫和蓝耳病疫苗。

②后备种公、种母猪配种前免疫接种伪狂犬病疫苗。

③种公、种母猪每年春秋健胃驱虫 2 次。

二、免疫防控的注意事项

①免疫程序应从生产实际出发，并结合当地的疫情与免疫监测结果灵活应用，不要完全照搬。

②免疫接种疫苗的种类不要过多，也不要盲目超大剂量免疫接种疫苗。疫苗免疫接种过多、剂量过大，会降低猪只的免疫应答，导致猪体产生免疫麻痹和免疫耐受。因此，免疫接种疫苗时一定要按照说明书的规定使用，不要任意加大或减少使用剂量。

③所使用的疫苗必须是兽药 GMP 验收通过企业生产的有批准文号、有生产许可证与产品质量标准的产品。严禁使用无批准文号、无生产许可证、无产品质量标准的“三无产品”，否则会贻误疫病的防控时机，造成严重的不良后果。

第六章
养猪场建设与环境控制

第一节　养猪场的规划

一、养猪场的科学选址

传统的民猪养殖采取家庭式饲养，每户只养几头母猪，生产几十头育肥猪。民猪具有耐寒的特点，只要在房前屋后搭建简易的能遮风挡雨的圈舍，能供应水电和储存饲料等，就可以进行生产，而且也适合民猪的养殖，对场址的选择和建设的标准要求不高。但对于达到一定数量的养猪场，特别是规模化养猪场，猪场场址的选择将直接影响民猪养殖的生产管理和日后发展，以及与周围居民的关系。因此，养猪场场址的选择要经过周密的考虑和进行科学长远的规划。

1. 地理位置　猪场应建在交通便利，远离居民住宅区（至少要相距 1 500 m 的下风向或侧风向处），有利于防疫和控制环境卫生的地方。最好是在饲料供应方便的地方，但不能紧靠交通要道（至少要相距 300 m），如果太靠近交通要道会有不利影响，一是公路人流、车流、物流太频繁，猪场易发生传染病；二是噪声太大，猪应激大，对猪生长不利。周围不得有制革厂、化工厂、屠宰场等产生较大污染的工厂。即使是自建屠宰场也应距养猪饲养区有相当一段距离，不能紧挨在一起。地势要开阔，留有一定的发展空间，养猪生产是一个需要长期稳定发展的产业，因此选择场址要根据当地中远期的发展规划来确定，最好是符合 10 年的规划设计。一定要在当地确定的畜牧生产基地上建场，避免反复拆迁，以减少经济损失。对新建规模不足万头的猪场，从占地、水源、电力和粪便处理等方面，要留有发展的余地。

2. 地形地势　地势高燥、背风向阳、空气流通、土质坚实、地下水位低、排水良好、具有缓坡的开阔平坦的地方是较理想的建场之处。在坡地建场时，要选择北高南低坡度不超25°的地方。低洼地由于空气流通不畅、光照不足、阴冷潮湿、排水困难等因素，不宜建场。在黏土地区建猪场，最好对土壤进行治理，因为黏土透气性能差，排水困难，不利于猪场环境的控制。比较理想的土壤是沙壤土，土质松软，透水性强，雨水、尿液不易积聚，雨后没有硬结，有利于猪舍及运动场的清洁与卫生干燥，有利于防止蹄病及其他疾病的发生。

3. 水源　猪场需水量很大，特别是在夏季天气炎热时需水量更大。养殖场要有充足、安全的水源，保证生产生活及人畜饮水。一个万头猪场日用水量达150～250 t，所以选择场址时必须考虑要有一个长期稳定、符合卫生标准的水源，对当地水源要进行严格检测，并注意周围工矿企业、农药、生活垃圾等对水源的污染。更要注意的是，某些地方性疾病，常由土壤或水体中某些化学元素的缺少或含量过高引起，虽然可通过添加等方法防治，但会增加成本，故应尽可能避免。对水源的要求是清洁卫生，周围没有污染源，地下水位低，取用方便。通常井水等地下水水质较好。

4. 电力　现代规模化猪场往往需要采用成套的机电设备来进行饲料加工、供水供料、照明保温、通风换气、消毒冲洗等环节的操作，再加上生活用电，一个万头猪场的装机容量往往达70～100 kW，因此，靠近猪场应有方便充足的电源条件。为应付临时停电，应有备用电源，以便在意外情况下应急。

二、养猪场的合理规划与布局

猪场场区规划应本着因地制宜和科学饲养的要求，合理布局，统筹安排。场地建筑物的配置应做到紧凑整齐，提高土地利用率，节约供水管道，降低生产成本，有利于整个生产过程和便于防疫，并注意防火安全。另外，若猪场是产业化经营，屠宰区应与生产区完全分开，且应相距至少500 m的距离。猪场在布局上应该分4个功能区，即生活管理区、生产区、生产辅助区、隔离区。总体平面布局要有利于卫生防疫和饲养管理，这几个区域的划分直接关系到猪场的生产效率、场区小气候和兽医防疫水平。

1. 生活管理区　建在距生产区约100 m的上风向处。主要指管理人员的办公室、宿舍。由于这个区与外界联系多，人员进出频繁，应将其设在猪场的大门口，方便接待，有利于防疫。同时，要防止与生产区在同一条线上，两者应相互错开，以免生产区气味直接影响该区。

2. 生产区　是整个猪场的核心区域，包括猪舍、配种室、兽医室及其他与生产密切相关的设施。生产区应设在场区地势较低的位置，要能控制场外人员和车辆，使之完全不能直接进入生产区，要保证安全和安静，最好设立围墙与外界隔离。各猪舍之间要保持适当距离，布局整齐，以便防疫和防火，但也要适当集中，节约水电线路管道，缩短饲草饲料及粪便运输距离，便于科学管理。安排猪舍时，要考虑猪群生产需要。公猪舍应建在猪场上风向的地方，既与母猪舍相邻，又要保持一定的距离。育成猪舍要建在距离猪场大门口稍近的地方，以便于运输。猪舍简陋、密集，不能科学合理地进行设计和布局，致使猪的饲养密度较大，易造成环境污染及猪群间相互感染。猪舍之间的距离 8 m 以上，两栋猪舍间距不应小于舍高的 1.5 倍，15 m 左右较为合适。

3. 生产辅助区　包括饲料库、饲料加工车间、设备间、采精授精室等。饲料库、饲料加工车间离猪舍要近一些，位置适中一些，便于车辆运送饲料，降低劳动强度，但必须防止猪舍和运动场因污水渗入而污染饲料。所以，生产辅助区一般都应建在地势较高的地方。

4. 隔离区　主要包括病猪隔离区和粪便堆放处理区。这个区应设在距猪舍 200 m 的下风向、地势低的地方，以免疾病传播影响生产。隔离区是为了隔离、观察、治疗猪群中一些病情较重或疑为传染病猪用的区域。隔离区应设单独通道与入口，以便于消毒和污物处理。

粪便堆放处理区建在距猪舍 50～100 m 的地方，防止粪水中的臭气、病原菌损害人和猪只的健康。粪便堆放处理区要防止渗漏，以免污染土壤和地下水源，并做好粪便处理，防止蚊蝇滋生。

三、猪舍类型

猪对气候变化极为敏感。猪舍是猪只生产生活的地方。建造良好的猪舍有利于猪只健康生长，也便于饲养管理，降低劳动强度。猪舍分类方式较多，按猪栏排列方式可分为单列式猪舍、双列式猪舍和多列式猪舍；按猪舍封闭程度可分为封闭舍、半封闭舍和开放舍 3 种。

四、猪舍内部结构建筑要求

1. 屋顶　屋顶的作用是防止降水、保温隔热和防止风雪侵袭，屋顶的散热作用大于墙体，因此要加强屋顶的建造。采用草料建造屋顶，可起到较好的保温作用，造价也低，但易腐蚀。瓦顶经久耐用，但保温效果不好，所以建造屋顶时，最好采取多种物质复合使用效果会更好，在寒冷地区建设要考虑雪载，坡度要大，防止屋顶被压塌。

2. 门、窗　门、窗要根据气候特点设计，尤其是北方一定要密实，一般门应向外开，防止冷空气直接进入猪舍。猪舍每个门高 2.0 m、宽 1.5 m，可制作两扇门。一般窗户的大小是以采光面积对地面面积之比来计算的，必须保证室内光照足够，通风良好。北方冬季寒冷，北风、西北风居多，在保证采光系数的同时尽量少开设窗户。窗的尺寸，高为 0.8～1.2 m、宽为 1.2～1.5 m，距地面高 1.2 m，窗顶距屋檐 0.4 m。

3. 墙体　对墙体的要求是坚固耐用和保温性能良好。一般墙的重量占猪舍重量的 50%左右，冬季通过墙体散失的热量占整个猪舍总失热量的 35%～40%。因此，建造猪舍时要注意墙体的保温效果。过去建造猪舍无论是三七墙还是五零墙皆为实心墙，这就造成冬季、早春舍内与舍外温差太大，使窗台下的墙壁结露，造成猪栏趴卧区潮湿，影响猪的休息，并增加了舍内湿度。要解决这个问题，可建空心墙。空心墙墙内可不放任何物质，也可放入保温物，如锯屑、炉灰渣、珍珠岩等。然后其上用砖、水泥抹严，也可将 2～3 cm 厚的苯板放于墙壁内侧或外侧，抹上水泥，保温效果作用明显。

4. 地面　猪舍地面是猪只生活的地方，要求坚实、致密、平坦、不硬不滑、便于清扫消毒；还要起到良好的保温作用。猪舍地面多为水泥地面，便于清扫、冲洗和消毒，但导热系数过大、质地坚硬，冬季猪趴在水泥地面上热量损失很大。要解决这个问题，可在水泥地面抹面之前，在猪趴卧区铺上一层油毡、塑膜或 5 cm 厚的苯板，然后抹 2～3 cm 厚的水泥，保温效果较好。个别猪舍也可以采取铺设一定面积的电加热管、线进行地面的取暖。猪舍地面要有一定坡度，一般以 1%～2%为宜，过大不利于猪只趴卧，过小不利于粪污排放。

5. 通风设备　通风换气是猪舍环境控制的重要手段之一，所以只有当通风换气适宜时，才可能保证猪舍内适宜的温湿环境和良好的空气状况。目前的通风设备多采用流入排风式通风系统。进气管通常设在纵墙的墙体上或者地下，一般采取直流通风或者地沟通风的模式。寒冷地区民猪舍的建设要采取循环的通风系统，建议采取屋檐进风、地沟通风的通风循环模式，并设计冷空气的缓冲和热交换，避免冷空气直接进入舍内，影响舍内温度。

6. 其他　猪舍通道一般宽 1.1～1.5 m，尿道沟宽 12～15 cm，尿道沟底呈半圆形，坡度 1%～2%，由浅到深，最深不超过 10 cm。沉淀池设在过道中央，每 50 m 长的猪舍可建两个沉淀池，沉淀池宽 80 cm、长 80 cm、深 100 cm。储粪池距猪舍最少 5 m，每 50 m 长的猪舍可建造一个储粪池，储粪池的大小可根据养猪数量、储存时间确定，舍内沉淀池底口与储粪池相通。通风口设在通道上方天棚处或者设置在猪舍墙面上，通风口面积 80 cm×80 cm。如果是屋顶设通风口，通风口上部需要做成防雨帽，高出房顶 50 cm 以上，每 8 m 长可留 1 个通风口，用时打开，不用时关闭。冬季要注意通风口的冰冻堵塞问题。

五、不同猪舍的建筑要求

传统养猪由于规模小，一般只修建一栋猪舍供各类型猪只共同使用。大型猪场多按性别、年龄、生产用途修建各种专用猪舍，如公猪舍及采精室、母猪舍、分娩舍和育肥舍等。由于各舍饲养的猪的类型不同，因此修建时的建筑要求也不同，猪舍可以设置单列、双列、多列式猪舍，跨度以 6～50 m、长度 30～100 m 为宜（表 6-1）。

表 6-1　各类猪舍面积参考

序号	名称	数量	长（m）	宽（m）	面积（m^2）	结构
1	公猪舍及采精室	1	50	12	600	砖混钢构
2	育肥舍	4	100	20	2 000	砖混钢构
3	母猪舍	1	50	100	5 000	砖混钢构
4	分娩舍	1	100	12	1 200	砖混钢构
5	保育舍	1	50	12	600	砖混钢构
6	后备舍	1	30	10	300	砖混钢构
7	隔离舍	1	15	10	150	砖混钢构

1. 公猪舍　设计公猪舍时，应考虑维持公猪的健康，符合公猪睾丸对环境温度的要求，以保证其精液品质。要求猪栏宽大，并应有运动场供公猪运动。公猪数量多的大型猪场可单独建一栋带运动场的单列式公猪舍，保证公猪有足够的空间，不受干扰。人工采精室和精液处理室应建在公猪舍的一端，屋顶装设绝缘材料、洒水、通风设备等。地面斜度以 1/30 为宜，以防止积水，

引起蚊蝇滋生。并注意地面防止光滑或过于粗糙，以免公猪滑倒或损伤肢蹄。运动场围栏最好选用铁栏，利于通风，高度不宜过低，以防止公猪串栏。

2. 母猪舍　包括空怀母猪和妊娠母猪，每栏饲养空怀或妊娠母猪 4～6 头，每头母猪占地面积约 3 m^2。应避免高温影响，高温对母猪极为不利，食欲下降，同时会导致配种后胚胎死亡。因此，圈舍要在高温时采取降温措施，如安装喷淋和通风设备。民猪养殖不建议采取限位栏饲养方式，可采取半限位栏饲养方式，每个半限位栏饲养一头妊娠母猪。限位栏的规格为长0.8～1.2 m，宽 0.55～0.65 m，高 0.6～1.1 m。

3. 分娩舍　猪舍内设面积不小于 1.5 m^2 的仔猪补料间，并且设置仔猪保温装置及护仔栏，以防母猪压死仔猪。母猪可饲养在分娩栏（2.2 m×0.6 m）内。

4. 保育舍　保育舍不一定非要采取高床保育的方式，可以采取保育和育肥同栏饲养的模式，虽然增加了建筑面积，但可以减少转圈的应激。

5. 育肥舍　育肥舍单栏面积一般为 8～20 m^2，舍内局部地面铺设加热设施，可提高猪只生产性能。

六、饲养管理设备

1. 猪栏　按其结构形式可分为实体猪栏、栏栅式猪栏、综合式猪栏。实体猪栏一般采用砖、钢筋混凝土等结构（厚度 120～140 mm、高度 1.1～1.2 m），外抹水泥或采用混凝土预制件组成。实体猪栏的优点是可以就地取材，投资费用低，能防止贼风和疾病传染，又可保持安静的环境。缺点是占地面积大，不便于观察猪的活动和管理，通风不良。栏栅式猪栏采用钢管、圆钢、角钢等金属焊接装配组成一个猪栏（高度 1.1～1.2 m）。其优点是占地面积小，便于观察猪只，通风好。缺点是钢材耗费较多、投资较大。综合式猪栏综合了上述两种猪栏的结构，一般是相邻的两猪栏隔墙采用实体猪栏，沿饲喂通道正面采用栏栅式猪栏，这样就兼备了两者的优点。根据猪栏内饲养猪的类别，猪栏可分为公猪栏、母猪栏、分娩栏、保育栏、育成栏和育肥栏。公猪栏每栏饲养一头公猪，面积一般为 8～10 m^2，栏高 1.2 m 左右，隔栏间隙 100 mm。母猪栏一般每栏饲养 3～6 头母猪，每头母猪占地面积 2～3 m^2，猪栏高 1.1 m。分娩栏一般多为单体猪栏，长 2 m，宽 60～65 cm，高 90～100 cm。保育栏，每头仔猪的饲养面积 0.3～0.5 m^2。育成栏，每头育成猪的饲养面积 0.6～0.8 m^2，育成栏高 0.8 m。育肥栏，每头育肥猪的饲养面积 0.8～0.9 m^2，育肥栏高 1.0～1.2 m。

2. 饲槽　饲槽的设计要合理，便于投料和减少饲料浪费，易于清扫消毒。常用的饲槽分为自动饲槽和固定饲槽。在哺乳仔猪补料和饲喂育肥猪时，建议民猪养殖场采取自动饲槽，优点是清洁卫生，可以减少工作量。料箱中储存一定量的饲料，通过机械装置进行转运，随着猪的吃食，饲料在重力作用下，不断落入饲槽内。因此，自动饲槽可以间隔较长时间加一次料，大大减少了喂饲工作量，提高了劳动生产率。如果采用双面采食口，则会减少饲槽的相对占地面积。

固定饲槽一般用砖砌成，然后在外面抹一层水泥，一般槽底呈椭圆形。也可以采用外购的饲槽，有水泥和玻璃钢材质的饲槽。饲槽的配给要足量，防止猪吃食时，因争槽而发生争斗。各类猪需要的饲槽尺寸因品种、年龄、体重等不同而有所不同。一般来讲，各类猪饲槽的尺寸如下：母猪饲槽长 30～50 cm，宽40 cm，高 20 cm；公猪饲槽长 50 cm，宽 35～45 cm，高 25 cm；育肥猪饲槽长 30 cm，宽 40 cm，高 20 cm；仔猪饲槽长 18 cm，宽 20 cm，高 10 cm。

3. 饮水设备　1 头妊娠母猪每天需饮水约 16 L，1 头哺乳母猪每天需饮水 18～22 L，1 头育成猪每天需饮水 10 L 左右。水对于仔猪非常重要，必须给仔猪提供足量清洁的饮水。

一般用自动饮水器供水。目前常用的饮水器为鸭嘴式饮水器，小号适用于分娩栏仔猪，大号适用于其他猪只；盆式饮水器适用于分娩栏；带药箱可移动式饮水器，主要用于生病仔猪和仔猪投药时使用。饮水器安装的距地高度，母猪 550～600 mm，公猪 600～700 mm，断奶仔猪 200～250 mm，育成猪350～400 mm，育肥猪 450～550 mm。

4. 供热保温设备　寒冷地区需要的猪舍冬季保温设备一般由暖气、热风炉、电热板、红外线灯等组成。采用的供热方式有集中供暖、分散供暖和局部供暖。由于大猪生理机能完善、耐寒能力强，而仔猪的生理功能发育不完善，因此要特别注意仔猪保暖。红外线灯价格便宜，安装方便，但缺点是不能调节温度，耗电，易损坏。自动、恒温电热板，一般用玻璃钢或工程塑料制造，耐腐蚀，便于冲洗，可根据需要进行调节温度，节约用电，保温效果理想，也可以采取将电热管线铺设在趴卧区的建设方案。仔猪采用保温箱保暖，效果较好。

七、万头民猪养殖场设计方案

以饲养550头民猪基础母猪，年出栏1万头商品猪的万头生产线为例，进行万头民猪养殖场设计。

1. 饲养工艺 种猪-母猪-配种妊娠-分娩-保育-育肥-出栏。

（1）生产工艺设计与技术参数

①确定空舍消毒日期，7 d。

②确定妊娠分娩率，仔猪、保育猪、育肥猪的成活率，平均断奶日龄，平均窝产仔数等主要工艺参数。

（2）各猪群基本经济技术参数

①公猪群。

a. 公母比例为1∶25。公猪需要22头。

b. 种公猪年更新率30%。每年需要留种公猪7头。

②母猪群。

a. 断奶至发情天数平均为4～5 d，情期受胎率为85%。

b. 妊娠期为114 d，确定妊娠所需天数为21 d。

c. 妊娠母猪分娩率为90%。

d. 妊娠母猪提前进产房天数为7 d。

e. 母猪窝产活仔猪数为10头。

f. 哺乳期为35 d。

g. 基础母猪年更新率为30%。

③哺乳仔猪群。

a. 哺乳期天数为35 d。

b. 哺乳期成活率为92%。

④保育仔猪群。

a. 保育期天数为30 d。

b. 保育仔猪成活率为96%。

⑤生长、育肥期猪群。

a. 生长猪群饲养至110 kg。

b. 生长期成活率为98%。

各类猪群转群后空圈消毒天数为7 d。

2. 550 头基础母猪猪场工艺参数

（1）公猪群组成

①公猪数。550×1/25＝22 头。

②后备公猪数。22×0.3≈7 头。

（2）母猪群组成

①基础母猪。550 头，包括妊娠母猪 362 头，临产母猪 21 头，哺乳母猪 84 头，空怀断奶母猪 33 头，后备母猪 50 头。

②仔猪群。仔猪 941 头，保育猪 1 117 头。

③育肥猪群。育肥猪 6 596 头。

第二节　养猪场外、内环境控制

一、养猪场外环境控制

1. 做好外环境绿化　通过在猪场周边和场区空闲地植树种草进行环境绿化，植树种草的品种根据当地条件而定，也可以种植饲用油菜、紫花苜蓿等能饲喂猪只的作物。环境绿化对改善小气候有重要作用。在猪场内道路两侧栽植行道树，每栋猪舍之间栽种矮科植物等，场区内的空地种上饲草、花木和灌木，在场区外围种植 5～10 m 宽的防风林。这样在寒冷的冬季，当外界风速为每秒 4.6～5.2 m 时，可使场内风速降低 70%～80%；又能使炎热的夏季气温降低（30～40 ℃下降 3～8 ℃），还可将场区空气中有毒、有害的气体减少 25%，臭气减少 50%，尘埃减少 30%～50%，空气中的细菌减少 20%～80%。当然，这些数值因防风林的高度、树的品种、栽植密度的不同而有所不同。

2. 做好外环境消毒　定期进行场区外环境的消毒工作，尤其是夏、秋季疾病高发季节，要进行经常性的场区内外消毒。

3. 做好粪污处理　1 头猪的日排泄粪便量按 6 kg 计，是人排粪便量的 5 倍，年产粪便约达 2.2 t。如果采用水冲式清粪，1 头猪日污水排放量约为 30 kg。1 个千头猪场日排泄粪便达 6 t，年排泄粪便达 2 200 t；采用水冲清粪则日产污水达 30 t，年排污水 1 万多 t。据测定，成年猪每天粪便中的生化需氧量（BOD）是人粪便的 13 倍。这些高浓度有机污水若得不到有效处理，囤积在场内，必然造成粪污漫溢，臭气熏天，蚊蝇滋生。其中超标的酸、碱、酚、醛和氯化物等残留的消毒药液，可致死鱼、虾，能使植物枯萎。如果忽视或没有搞好猪场的粪污处理，不仅直接危害猪群的健康，也影响附近人们的生活环境。

4. 做好外环境隔离　外来人员、猪种、车辆是潜在的疫病传播途径，猪场要做好人员、猪种、车辆的隔离，禁止外来人员进场；外购猪只一定要在隔离舍隔离足够的时间，确保不发病后才可以并群；外来车辆，尤其是运输猪只的车辆严格禁止进入养殖区，即使需要靠近场区，也需要在靠近前进行彻底消毒。

二、养猪场内环境控制

养猪场内环境是指猪舍内部能影响猪群繁殖、生长、发育等方面的生活条件，它是由猪舍内空气的温度、湿度、光照、气流、声音、微生物、设施、设备等因素组成的特定环境。在养猪生产过程中需要人为地进行调节和控制，让猪生活在符合其生理要求和便于发挥高生产性能的小气候环境内，从而达到高产目的。

1. 民猪群对舍内温度的要求　猪是恒温动物，体温为38～39.5℃。由于猪的汗腺不发达，皮下脂肪厚，热量散发困难，导致猪的耐热性很差。为了保证猪群正常的生长发育和生产性能，需要给猪群提供适宜的温度条件。各类民猪猪群生长繁殖的适宜温度见表6-2。

表6-2　各类民猪猪群生长繁殖的适宜温度

阶段	日龄	适宜的温度（℃）
仔猪	出生	33～35
	10日龄内	26～31
	10～35日龄	23～26
	保育猪35～75日龄	21～23
育肥猪	75日龄至出栏	19～22
母猪	妊娠母猪	16～18
	哺乳母猪	17～21
公猪		14～19

（1）温度对猪群的不利影响

①温度过高，民猪采食量降低，增重缓慢，舍内细菌滋生，影响环境卫

生，种公猪精液质量下降，种母猪繁殖力下降，猪群发病率升高。

②温度过低，民猪虽然具有耐寒的特点，但温度突然过低会导致猪采食的一部分饲料能量被用于抵御寒冷，有效利用率下降，生长和生产性能虽然相比其他猪种较快，但仍然比最适温度下生长慢。

（2）猪舍温度的调控　猪舍温度主要取决于舍内热的来源和散失程度。在无取暖设备的情况下，热的来源主要是猪体散发的热量和日光照射获得的热量，热的散失主要与猪舍的结构、材料、通风设备和管理情况有关。①冬季保温防寒的主要方法是适当地增加猪群的密度，合理设计猪舍采光和通风设备，提高屋顶和墙壁的保温性能，及时维修门窗和控制门窗开启等。②夏季防暑降温的主要方法是加大通风，最好做到全舍空气整体流动，也可以给猪喷淋，喷淋的水要清洁不要过凉。也可以通过采取降低饲养密度、加盖遮阳网、猪舍周围绿化遮阴、覆盖天窗、搭设凉棚等措施防暑降温。

2. 民猪群对舍内湿度的要求　湿度是用来表示空气中水汽含量的物理量，常用相对湿度来表示。舍内空气湿度对猪的影响，与环境温度有密切关系。无论是仔猪还是成年猪，当其所处的环境温度是在较佳范围之内时，舍内空气湿度对猪的生产性能基本无影响。猪群生活的适宜相对湿度大猪为65%～80%，小猪为60%～75%。当舍内环境温度较低时，湿度大，会增加猪的寒冷感。这是由于猪的毛、皮吸附了潮湿空气中的水分后，导热性增大，使猪体散热量增大。同时，随着通风换气，蕴含于水汽中的大量潜热流失到舍外，降低了舍温。因此，舍温较低时，湿度大会影响猪的生产性能，这一点仔猪更为敏感。高湿和低湿对猪群健康及生产力都有不利影响，其对猪的影响主要是随着其他环境因素特别是温度的变化而变化。

（1）湿度过大的危害

①高温低湿。使猪舍空气变干燥，猪只皮肤和外露黏膜发绀，易患呼吸道病和疥癣病等。

②高温高湿。使猪体水分蒸发困难，导致猪的食欲降低，甚至厌食，生长减缓。另外，还容易使饲料、垫草等霉变而滋生细菌和寄生虫，诱发猪群患病。

③低温高湿。使猪体散发的热量增多，寒冷加剧，从而影响猪的增重，降低饲料转化率。

许多生产实践证明，低温高湿对猪生长极为有害，容易使猪患风湿、瘫痪、水肿、下痢和流感等疾病。所以维持猪舍干燥，有利于猪的健康和生长繁殖。在温度适宜或稍微偏高的情况下，湿度稍高有助于猪舍内粉尘的下沉，使空气变得清洁，对防止和控制呼吸道疾病有利。

(2) 控制民猪舍湿度的措施　目前的养猪生产中，猪舍湿度过大是经常出现的问题，其防止措施主要有以下几点。①增大窗户面积，增加通风量，降低湿度。但要注意，如果冬季通气量增大，舍内温度会下降过快。②使用产风设备。如风扇等设备在舍里运行，可加强空气流动，尤其适合夏季使用。③加强猪舍建设工艺，包括饮水器的设置、污水的回收，如合理地规划尿道沟或排污设施可有效降低舍内湿度。④可以增加粪尿清理频率，降低湿度。

3. 民猪群对舍内环境空气的要求　猪舍空气中有害气体通常包括氨气、硫化氢、二氧化碳、一氧化碳、甲烷，还存在大量尘埃。这些有害气体主要是由猪呼吸、粪便、饲料腐败分解而产生的。污浊的空气会导致猪的呼吸道系统疾病越来越多，发病原因日趋复杂，防治效果变差，给养猪业造成很大损失。

(1) 气体的影响

①氨气。氨气是一种无色、易挥发、具有刺激性气味的气体。猪舍内的氨气来源于猪粪便等有机物的分解，氨气进入猪呼吸道后，经过肺泡进入血液，与血红蛋白结合，使血红素转化为正铁血红素，从而降低血红蛋白的携氧能力、减少血液碱储，使猪出现贫血和组织缺氧，机体免疫力下降。猪舍内氨气浓度应不超过 30 mL/m^3。超过 30 mL/m^3 将会对民猪生产造成影响，如果氨气浓度超过 100 mL/m^3，猪的发病率和死亡率升高，生产性能下降，日增重下降。如果氨气浓度超过 400 mL/m^3，会导致猪出现呼吸道疾病，黏膜出血，严重的会引起肺水肿、中枢神经系统麻痹，甚至死亡。

②硫化氢。硫化氢无色，易挥发，有臭鸡蛋的气味，侵害神经系统。硫化氢比重较大，沉于猪舍地面，主要刺激黏膜，引起眼结膜炎、鼻炎、气管炎，甚至肺水肿。经常吸入低浓度硫化氢即可引发植物性神经紊乱。游离在血液中的硫化氢能和氧化型细胞色素氧化酶中的三价铁结合，使酶失去活性，以致影响细胞的氧化过程，造成组织缺氧。长期处在低浓度硫化氢的环境中，猪抵抗力下降。高浓度的硫化氢可直接抑制呼吸中枢，引起窒息和死亡。猪舍内硫化氢浓度不宜超过 10 mL/m^3。猪长期处于硫化氢浓度为 50～80 mL/m^3 的环境中，猪的体质变弱，抵抗力下降，增重缓慢。当每立方米空气中硫化氢浓度大于 80 mL/m^3 时，猪结膜炎、角膜溃疡、气管炎发病率很高，严重时引起中毒

性肺炎、肺水肿等。

③二氧化碳。二氧化碳主要来源于猪舍内猪的呼吸。一头体重100 kg的育肥猪，每小时可呼出二氧化碳43 L。猪舍内二氧化碳含量往往比大气中高数倍。猪舍内二氧化碳的浓度每立方米空气不能超过0.4%，否则猪会出现慢性缺氧，精神萎靡，食欲下降，增重缓慢，体质虚弱，易感染其他各种传染病。

④一氧化碳。一氧化碳是无色无味气体，难溶于水。猪舍中一般含有极少量的一氧化碳。但寒冷地区的冬季，猪舍内如果采取燃煤等取暖方式会增加一氧化碳的浓度，尤其是在密闭的猪舍内生火取暖时，如果煤炭燃烧不充分会产生大量一氧化碳。一氧化碳对呼吸、循环和神经系统具有毒害作用。其通过肺泡进入血液循环，与血红蛋白结合形成相对稳定的碳氧基血红蛋白，导致机体缺氧，出现中毒现象。饲养妊娠后期母猪、哺乳母猪、哺乳仔猪和断奶仔猪的猪舍一氧化碳浓度不超过5 mL/m^3，饲养种公猪、空怀和妊娠前期母猪、育成猪的猪舍一氧化碳浓度不超过15 mL/m^3，饲养育肥猪的猪舍不超过20 mL/m^3。

⑤猪舍内的尘埃。少部分尘埃由舍外空气带入，大部分则来自饲养管理过程，如猪的采食、活动、排泄，清扫地面，换垫草，分发饲料、清粪，猪咳嗽、外风吹入等。冬季用燃煤给猪舍加温也会造成一定的尘埃污染。猪舍内尘埃是微生物的载体，通风不良或经常不透阳光，尘埃更能促进各种微生物迅速繁殖。此外，尘埃还能吸附各种有害气体，加剧对猪的危害程度，特别是对呼吸系统的刺激作用，引起猪的呼吸道炎症。尘埃落到猪体表，影响皮肤的散热和健康，常常出现皮肤发痒甚至发炎现象；尘埃被猪吸入呼吸道，刺激鼻黏膜，对猪不利。猪舍尘埃含量：分娩舍昼夜平均不得高于1.0 mg/m^3，育肥舍不得高于3.0 mg/m^3，其他猪舍不得高于1.5 mg/m^3。

⑥气流风速。猪舍内空气的流动是由于不同部位的空气温度差异造成的。空气受热而上升，留下来的空间被周围冷空气填补而形成气流。在炎热情况下，只要气温低于猪的体温，气流就有助于猪体散热，对其有利；在低温情况下，气流会增加猪体散热，对其不利。因此，猪舍内应保持适当的气流，它不仅能使猪舍内的温度、湿度、空气组成均匀一致，而且有利于舍内污浊气体的排出。民猪舍内气流速度要控制在0.2～0.4 m/s。

（2）减少舍内有害气体的措施　要减少猪舍空气中的有害气体、尘埃和微生物这些有害物质，应采取以下措施：

①合理的舍内通风设置。需要合理设计猪舍，正确安装通风设施机械通风使空气流动，这是封闭猪舍通风的有效方法，避免舍内空气出现短路现象和出现通风死角。风机通风风速平稳，冬季可以通过暖风机供热风，夏季供冷风，舍内环境不受外界天气影响。

②改善饲料配方质量。依据“理想蛋白质模式”配制日粮，提高饲料消化率，特别是提高饲料蛋白、氨基酸的利用率，同时减少舍内氨气的产生。民猪具有耐粗饲的特点，可以减少2%的粗蛋白质，增加2%的纤维来调节饲料，在不影响增重的情况下，既减少成本，增加效益，又减少氨气的排放。

③日粮发酵及环境喷洒。在日粮或饮水中添加能减少有害气体产生的物质或者在环境中喷洒能抑制有害气体的物质。可通过在饲料和饮水中添加生物菌制剂等，或者进行饲料发酵，环境中喷洒除臭剂等方式减少舍内有害气体。

④加强消毒。对舍内空气尘埃及致病微生物的防治要经常进行，利用不同的消毒措施对空气、设备、猪只进行彻底消毒。

4. 民猪群对舍内光照的要求　合理的光照可以增强猪的免疫功能，减少舍内有害微生物的数量，提高疾病抵抗力，增加机体代谢能力，加速生长发育和提高日增重，促进性成熟，改善精液品质，提高受胎率、产仔数和断奶重。目前，开放式猪舍主要靠自然光照，必要时辅以人工光照；封闭式猪舍则主要靠人工光照（表6-3）。

表6-3　各类猪舍的采光要求

猪舍类别	自然光照		人工光照（需要长时间照射）
	窗地比	辅助照明（lx）	光照度（lx）
种公猪舍	1：（10～12）	50～75	50～100
母猪舍	1：（12～15）	50～75	50～100
保育舍	1：（10～12）	50～75	50～100
育肥舍	1：（13～15）	50～75	30～50

民猪养殖场除了增加普通辅助光照外，也可以采用全光谱养猪灯等代替阳光的光照方案，保证仔猪舍、保育舍的光照。

民猪对环境的要求不高，但气候温和、空气新鲜、安静、干燥，且有适当活动空间的洁净环境能使其生长发育和产仔繁殖性能达到最优。如果环境不适宜，其生产性能则不能充分发挥，降低饲料转化率，造成浪费。一些防疫措施难以控制疫病发生，影响经济效益。但是目前任何单一措施都不能完全达到保护环境的目的，而且很多措施是负相关，如通风和温度、湿度的关系。因此，在民猪生产过程的各个环节中，应采用综合、合理的控制方法进行管理，让民猪群生活在符合其生理要求和便于发挥高生产性能的小气候环境中，从而达到高产的目的。

第七章 民猪产业化开发与利用

第一节 民猪产业化开发现状

通过民猪养殖企业发展建设，并与科研机构技术服务合作的形式，促进民猪产业发展，伊春宝宇森林猪养殖场、哈尔滨信诚养殖有限公司、哈尔滨玉泉山养殖有限公司、牡丹江阿妈牧场农业集团、黑龙江甜草岗农业集团、哈尔滨鸿福猪场等民猪养殖企业经过发展，年出栏近20万头民猪。

一、优质猪肉生产模式

1. 通过生产调控进行生产　通过杂交组合建立、营养需求调控、生产模式运用等方面，根据市场需求及企业定位，制订优质猪肉生产模式，先后推动建立了宝宇“雪猪”“巴民壹号”“森林猪”“甜草岗黑猪”“阿妈牧场”等优质猪肉生产品牌，市场份额占有率高。

2. 通过环境控制进行生产　针对黑龙江省的寒地特点和资源优势，农林业生产中生态环保、循环可持续产业链条发展急需解决的问题，以及绿色畜产品的生产需求，鉴于民猪具有优良肉质、抗病抗逆、耐粗饲、高繁殖力等特性，以民猪为资源进行黑龙江省优质绿色猪肉生产能力提升的综合配套技术的研发与推广。

3. 根据不同生产方式进行生产　针对种植业、林业不同优势区域，开展与生猪养殖的互作模式研究，发展资源节约型、环境友好型和生态保育型养殖，生产寒地绿色、优质猪肉。根据黑龙江省农林业发展所急需解决的问题，包括林木停伐的林下经济发展需求、以玉米为主导农作物的生产造成的秸秆利用需求、环保生态和可持续循环农业发展需求，研发了猪-森林互作模式，猪-玉米、猪-稻等养殖模式；根据猪品种特性，研发了适合寒地和各种模式下的优质绿色安全的猪肉生产配套技术，包括养殖管理、饲料营养、繁殖、防病保健等技术，解决制约绿色优质猪肉生产的瓶颈共性问题和关键问题，达到绿色优质标准，提升绿色优质猪肉生产技术水平，增加产业附加值，促进产业增益性发展。

二、屠宰加工模式

根据市场定位，消费需求，为企业制定屠宰标准，为10余家养猪生产企业制定了屠宰分割标准，进行精细分割，分割部位达到200余块（彩图7-1）。技术服务企业包括黑龙江省兰西种猪场、黑龙江省信诚龙牧农业发展有限公司、伊春宝宇农业科技有限公司。

三、产品开发模式

对肉类产品进行开发，包括民猪肉肠、香肠、民猪火腿、民猪腌制食品、熟食品的开发。各类产品达到30余项。

以科技和市场理念支持企业开发不同的产品，包括：

1. 鲜活产品　将民猪、民猪杂交猪经兽医检疫屠宰，按照已制定的分割标准，将冷鲜肉经过冷链运输到深圳、大连、上海等地，直接进驻高端肉市场。

2. 熏酱制品　猪制品系列包括特色酱猪头肉、猪手、口条、猪心、猪肝、猪尾，均采用新鲜原料制作而成。

3. 肉灌制品　包括老式红肠、儿童肠、特色肉粉肠、老式松仁小肚、老式香肚、金丝蛋卷、松花鸡腿、老式卷煎，均以鲜猪肉为原料，按传统配方，用老式工艺加工而成。哈尔滨玉泉山养殖有限公司红肠以精选猪肉为主料，添加特制香辛料，经48 h低温腌制、搅拌制馅、机械灌肠、明火烤制、高温水煮，后经传统土炉配以果木熏制等传统工艺精制而成。

4. 麻辣拌菜　麻辣脆骨、麻辣小肚、麻辣鲜香。

5. 油炸制品　珍珠丸子、肉羹、肉丸子、肉签子、牙签肉等。

6. 黑猪肉水饺　哈尔滨玉泉山养殖有限公司黑猪肉水饺采用纯手工包制，因而饺子馅大、皮薄、口感好。所使用的冷鲜肉是哈尔滨玉泉山养殖有限公司养殖屠宰的黑猪冷鲜肉，所有的原料均可追溯保证安全。

7. 专用饲料的开发　“黑农科-民猪专用饲料”等特色饲料的开发有针对性地提高了养殖效率，降低了养殖成本，增加了收入。截至目前，已有几十种生猪饲料及功能性饲料添加剂被开发出来。

四、推广销售模式

企业建立销售模式，包括线上和线下销售模式，建立“订单农作物种植-特色生猪养殖-生猪屠宰分割-肉食品精加工-线上线下销售-全程冷链配送”六位一体的全产业链条模式，协助企业开建企业专卖店。企业专卖店已经达到150余家，其中“哈信诚”56家，“甜草岗黑猪”7家，“宝宇雪猪”60家，“阿妈牧场”50家，优质黑猪肉开发销售门店占据黑龙江省同类门店销售份额的80%以上，建立了“森林猪”“宝宇雪猪”“巴民壹号”“甜草岗黑猪”“阿妈牧场”“黑农科-民猪专用饲料”等多个品牌。

1. 饲料及养殖环节　为了延伸和完善生态养殖全产业链，降低生产成本，投资兴建饲料加工厂，严格把控原料收储、饲料生产等环节，以保证投入品的安全。同时，在不同地点兴建原种场、扩繁场，整合养殖资源，收购兼并一些中小养殖企业，实现资本运营，促进企业快速发展。

2. 屠宰加工环节　黑龙江省信诚龙牧农业发展有限公司、伊春宝宇农业科技有限公司按照国际食品行业的危害分析和控制关键点（HACCP）标准规划建设屠宰企业，配备全套机械化屠宰生产线，在按照国家标准建成的全封闭生产车间进行加工，车间配备速冻、预冷排酸、低温分割等全套设备，按照全新工艺流程进行生产，为消费者提供安全、优质、新鲜、有营养的鲜肉，进行自养群体的屠宰加工。

3. 物流配送环节　建立完善的冷藏物流全产业链，以规模优势、网络优势、资金优势作为强大支撑，凭借现代物流信息技术平台，为客户提供优质高效、安全快捷的物流服务。配备一个5万t的冷库，常温库、配送库5 000 m^2，各种冷藏运输车辆60台，总运量达300 t/d。

4. 销售环节　培育完善的市场营销网络，在哈尔滨、上海、南京、浙江等地成立体验店，并成功打入国内一、二线城市中高端肉类市场，进驻各高端商超，如哈尔滨远大购物中心好百客超市、哈尔滨淘冰城生鲜连锁超市、哈尔滨道里菜市场等大型连锁商超。猪肉产品走出黑龙江，远销国内外市场。上海的久光百货超市、大润发、吉之岛等高端连锁商超，广州的华润万家精品商超、南京的华联生活超市，苏州的泉屋百货直营商超均有销售。同时，实现线上线下营销，在淘宝、京东、天猫等网络平台均拥有品牌旗舰店，通过百度糯米、龙广云绿、微商等多渠道展开线上营销。目前，已与数家幼儿园、高等院校及黑龙江省中广物业有限责任公司签订了长期供货合同，并在不同城市建立300余家专卖店。

第二节 民猪开发利用

我国是世界上猪种资源最丰富的国家，被收入联合国粮食及农业组织物种多样性系统的中国猪品种数目为150个，约占世界总数的1/3。民猪是我国优秀的地方猪品种，具有优良的种质特性，主要表现为繁殖力强、肉质鲜美、适应性强等。仅仅对民猪保种是被动的，只有实现有效的开发利用，才能使资源实现其商品价值。

近年来，民猪研究人员及企业对民猪不断进行产业开发，取得了显著成效，主要体现在以下几个方面。

一、新品种（系）的培育

利用从国外引入的优良猪种和我国地方猪种资源，我国已经育成了许多新品种、新品系猪。这些猪的新品种和新品系既保留了我国地方品种猪母性强、发情明显、繁殖力高、肉质好、适应本地条件、抗逆性强、能利用大量青粗饲料等优点，又兼备了引入品种的特点，改进了地方猪种增重慢、体型结构不良、屠宰率低、胴体中肥肉多瘦肉少等缺点。松辽黑猪就是民猪开发利用的典型。松辽黑猪配套系是以民猪为母本，丹系长白猪为第一父本、美系杜洛克为第二父本，达到了很好的开发利用效果。

二、新配套系的选育

配套系是一个特定的繁育体系，这个体系中包括纯种（系、群）繁育和杂交繁育两个环节；配套系有严密的代次结构体系，以确保加性效应和非加性效应的表达；配套系追求的目标是商品代肉猪优良的体质外貌、生产性能、胴体品质和整齐度。

目前开发利用较好的是巴民杂交组合，即以民猪为母本，美系巴克夏为父本，形成巴民杂交一代组合黑猪，达到很好的开发利用效果。

三、对民猪特异性状的利用

民猪具有一些外来猪种不具备的优良性状，如抗病力强、肉质好、耐粗饲等。针对以上特性进行分子标记，为这些优良性状的保护及开发提供了分子基础，用于民猪育种实践，也加速了民猪的遗传进展。目前，国内将分子标记更多地用于肉质性状相关基因的选择和育种，如背膘厚和瘦肉率的候选基因 *HSL* 和 *LPL*、肌内脂肪的候选基因 *H-FABP* 和 *A-FABP*。分子标记在民猪育种上的应用，成为民猪遗传改良的重要手段和方法，提高了选择强度，加速了民猪的遗传进展，推动了民猪的开发利用。

四、从民猪营养方面进行开发利用

营养和遗传因素都是决定动物生产性能的重要方面。饲喂限制性赖氨酸日粮对欧洲伊比利亚黑猪和长白猪的肌肉组织及内脏组织蛋白质合成率影响的研究表明，限制性赖氨酸日粮显著提高了伊比利亚黑猪肌肉组织的蛋白质合成率。该研究佐证了西班牙猪种伊比利亚黑猪对高蛋白和高能量日粮的利用效率低于长白猪的原因。对民猪进行营养方面的研究，尤其是对肉质性状进行营养需要方面的细化研究，从而制定出符合民猪营养需要的饲养标准，探索提高民猪饲料转化率的营养措施，最大限度地发挥民猪生产性能，对民猪的应用推广尤为关键。民猪肉质与营养调控的关系也是民猪营养研究的一个方向，诸如蛋白质、能量、脂肪及碳水化合物水平、各种微量元素和维生素等，其作用机制是怎样的，可否通过营养调控措施保持民猪肌内脂肪高的特性又降低其背膘厚，从而满足消费者的需要，都是民猪开发利用的研究方向。另外，有研究显示，民猪自由采食森林里的天然牧草，可以提高猪肉的肌内脂肪和体脂肪水平，这也是民猪肉质鲜美的重要原因之一。

五、对民猪高繁殖力与青粗饲料关系的利用

除了遗传因素的影响，民猪的高产仔性还与其他因素有关。青粗饲料对民猪的高繁殖力有重要作用，但未见青粗饲料如何影响民猪繁殖力及其机制的报道。因此，这方面的研究也不多，是未来开发利用的重点。

六、对民猪饲养模式与肉质关系的利用

传统的饲养模式和现代化集约型饲养模式对民猪肉质的影响会是怎样的，用现代化的饲养方式养殖民猪是否会出现肉质变差的现象，国内目前还没有这方面的报道。国外研究报道指出，开放式（outdoor）的饲养系统和室内（indoor）饲养系统对西班牙猪种伊比利亚黑猪肉中的肌内脂肪、pH、肉色、嫩度和熟肉率无明显影响，但开放式的饲养系统显著降低了该猪的多不饱和脂肪酸含量。从动物福利的角度来说，传统自由散养的养殖方式当然对猪更好，但从生产的角度看，开放式的饲养方式是否能够提高猪的肉质和生产水平，是当前所要关注开发的重点。

民猪是我国的瑰宝，加强民猪种质资源的合理保护和开发利用，是发展地方经济和提升农产品品质的有效途径之一，对我国乃至世界猪种资源的保护和养猪业的可持续发展具有重大意义。

总之，民猪的商品化利用，一是利用民猪的优良特性培育适合我国中小规模猪场饲养的专门化母系，进而利用土洋结合的二元或三元杂交体系生产商品猪；二是培育有中国特色的配套系，充分利用好引进品种、地方品种两类遗传资源，选育专门化品系，培育出真正适合我国国情的、各式各样的配套系组合，从而开发适合不同消费层次的具有地方特色的猪肉产品。

第三节　民猪品牌建设

民猪猪种开发，关键在于挖掘、利用、展现民猪特色，在目前市场经济条件下，品牌是最有效、最根本的产品特色展现载体，所以民猪开发应将品牌建设作为重点。

一、创建特有品牌

黑龙江省部分养殖企业已经以民猪及其杂交猪为卖点，开发特色品牌，现已建成“宝宇雪猪”“甜草岗黑猪”“巴民壹号”等品牌，发展民猪特色猪肉专卖连锁经营，完善产业化经营体系，带动饲料、印刷、包装、运输等相关产业全面发展，构建一套科学的适合民猪产业化开发的体系，历史意义、社会价值重大。随着生活水平的不断提高，人们在猪肉消费方面从喜欢吃瘦肉多的瘦肉

型猪转变为吃味道鲜美、口感好、饲养时间长的地方猪。也就是说，可以主要针对这一阶层的消费者开设品牌猪肉专卖店。目前哈尔滨销售民猪的企业专卖店销售量已经达到每天4～5头，特别是民猪的内脏，要提前2～3 d预定才有货，社会效益、经济效益均十分明显。随着人们认可程度的提高，可以逐步将市场瞄准距离较近的周围大中城市，专门开设品牌专卖店。这方面做得比较成功的，如“阿妈牧场”“宝宇雪猪”在北上广大城市及周边城市开设了100多家统一装饰、集中屠宰的品牌专卖店，并且解决了部分人的就业问题，经济效益、社会效益均较为显著。

二、提高民猪产品附加值

目前，随着经济发展和人们生活水平的逐步改善及提高，在解决温饱问题、步入小康社会的同时，消费者对畜禽产品的需求已转向绿色、无公害、更营养、更美味，特别是具有特色的地方畜禽品种及其产品在市场中的地位和所占份额逐步恢复增长。而我国民猪品种具有肉质佳、抗病力强、适应性强等优良特性，并且很少使用添加剂和抗生素，是生产绿色无公害肉产品的最佳选择。一方面，借助哈尔滨红肠地方特色产品在全国的口碑及认可，大力发展民猪肉灌制产品，如红肠、小肚、干肠等细化产品。另一方面吸收全国特色产品，开发系列品牌产品，如借助金华火腿优势，发展民猪火腿；借助江西乐平花猪烤乳猪优势，发展民猪乳猪产品。除了内销外，有出路的话，这些民猪品牌产品在出口创汇方面还具有明显优势，也不妨在这方面做一尝试。另外，在科学研究领域，具有特色的民猪种已成功作为多种疾病的动物模型，对有效认识疾病的发生发展规律意义重大，应用前景广阔。

三、提高品牌效力

为增强民猪品牌利用的影响力和竞争力，积极推动建立全国民猪产业技术创新战略企业联盟，不但能为民猪产品企业带来新客户、新市场和新信息，也有助于民猪产品企业专注于自身业务的开拓。企业联盟的建立，能以较低的风险实现较大范围的资源利用，使各地民猪企业优势互补，扩展其发展空间，提高整个行业的竞争力，谱写民猪利用的新篇章。

四、拓展品牌产业链

作为民猪品牌的主导者和领航者，政府部门要为实现民猪品牌的科学发展建设创造一个有利的宏观经济环境，提供必要的法律规范和制度保障，将民猪品牌的发展纳入政府经济发展的总体规划当中，加强规划指导、服务和管理，奠定良好的发展基础。一方面，要做好规划布局和引导工作，产业集群发展现状、产业链形成规律，因地制宜选择最具有发展潜力和发展后劲的龙头企业，使品牌经营企业适时调整内部策略，实现企业策略与政府规划的一致性；同时政府要对现有民猪品牌的品牌化经营状况做深入了解，制定发展规划，并且规划要统筹功能区块布局，形成区域分工有序、相互协作、前后配套、连接紧密、各具特色的发展格局，做到错位发展，促进资源的自由流动和有效配置。另一方面，加强与产业集群相配套的园区布局规划。要引导养殖企业整合空间和土地资源，实现农业或相关第三产业集约化发展。

五、搭建电商平台

民猪企业要积极借助政府扶植政策，适时运用金融手段，积极争取银行融资机会，在法律允许的范围内，积极争取银行机构在项目资金贷款上面的倾斜力度。如开展以民猪专业合作社为对象的金融支持，把入社养殖户联合起来，企业牵头以合作社的名义进行集体确权，解决单家单户养殖资金的困难，提高其养殖热情。另外，养殖企业以合作社的名义向银行申请贷款，合作社把贷款分配给需要资金的养殖户，发挥合作社的作用，降低银行的信贷风险。

搭建电商平台，民猪与新兴的互联网结合将碰撞出新的火花，创造出巨大商机。部分民猪企业已经意识到电子商务的价值，近年来，电商发展如火如荼，尤其是各种电商购物节，如“双11”“年中618”等。民猪企业要抢抓电商良机，扩大品牌产品销售渠道。首先，电商企业通力合作，全力推进电子商务政策的落实和实施，营造以信息化推进工业化的氛围，帮助企业解决融合建设过程中存在的技术难题，加快电子商务产业园发展，加快民猪企业电子商务产业园规划建设，大力扶持民猪品牌网等，规范网络营销行为，培育民猪电子商务集群，建设电子商务总部基地。其次，在近期较为流行的交流平台及时发布广告信息，如利用微信朋友圈进行故事营销、特色营销等植入性广告，吸引年青一代消费者的眼球。先扶植一批电商作为示范，带动更多的养殖企业参与

到电子商务平台中，真正让民猪网等电子商务平台对民猪产品品牌建设起到积极的推动作用。

六、提升品牌发展后劲

扶植骨干龙头企业，加快企业上市。在同一个区域内，经济的飞跃离不开龙头企业的带动作用，区域大品牌的打造离不开众多企业小品牌的凝聚。区域品牌的龙头企业，能够通过自己在产业链的内部分工，聚集本地区相关上下游中小企业，从而创造就业机会，促进当地经济社会的发展；还具有很强的品牌效应，能够有效带动区域内企业纷纷效仿，创建自主品牌，并实现聚集化成长，从而使广大家庭式的民猪企业也能够有效地实现专业化生产，实现规模经济，使民猪品牌开始形成，进一步放大品牌效应。同时，划定相应的区域将更多生产相关产品的企业及关联的机构聚集起来，为民猪产业向更高阶段发展提供更有力的保障。

政府也要通过各种资源配置，引导和帮助民猪企业实现对生产源头的覆盖，提高生产经营管理水平、产品质量管控整体水平，提高技术创新、新产品研发和开拓市场的能力；根据市场发展规律，大力推进各类民猪企业间的交流与合作，进一步充分发挥各类企业在生产、加工和营销等各环节的能力优势，实现成本最低化、利润最大化。鼓励通过兼并重组等方式组建企业集团，整合资源，强强联手，鼓励龙头企业资产重组和上市融资，进一步做强做大。

七、提高知名度

加强创新品牌的宣传推广要联合政府部门，因为政府是最好的传播者，其影响力最大。创新、开拓民猪品牌传播平台与传播通路，如广告、网络传播、体验营销传播等，才能使民猪品牌更顺利地走进消费者心里；还可以综合运用报纸、广播、电视、互联网等媒体宣传品牌。同时，要逐渐将眼光放得长远，认识到国际市场的重要性，加紧筹备对国际市场的宣传，积极组织相关企业参加国外的博览会、展销会、推介会等，积极举办各种项目推介会、招商洽谈会、产品博览会等活动，邀请国内外客商参加，并充分利用新闻报道、公关活动、赞助活动、节日庆典以及公益活动等，加强品牌的宣传工作，扩大区域品牌的知名度，树立民猪品牌的良好形象。

参 考 文 献

蔡玉环，何勇，1990. 东北民猪与哈白、长白猪繁殖力比较及其杂交效果分析 [J]. 黑龙江畜牧兽医（11）：10-12.

陈翠玲，2017. 动物营养与饲料应用技术 [M]. 北京：北京师范大学出版社.

陈润生，张伟力，经荣斌，2007. 猪肉品质研究三十年回眸 [J]. 猪业科学（7）：90-94.

陈少华，2016. 发展东北民猪新市场 [J]. 猪业观察（1）：30-32.

陈信彰，2015. 民猪及其杂交猪组织学特性与肉质性状关系的研究 [D]. 哈尔滨：东北农业大学.

段英超，范中孚，于联惠，1981. 东北民猪和哈尔滨白猪毛的数量长度、粗度和真皮厚度的测定 [J]. 东北农学院学报（3）：81-85.

冯会中，孙超，2019. 民猪和长白猪肌红蛋白和胶原蛋白含量发育性变化研究 [J]. 黑龙江畜牧兽医（9）：68-71.

韩维中，肖振铎，崔宝瑚，等，1983. 东北民猪抗逆性能的观察研究 [J]. 中国畜牧杂志（5）：17-19.

何敬琦，张思雅，史嘉林，2010. 长白猪和民猪生长发育的试验研究 [J]. 养殖技术顾问（6）：237.

何鑫淼，刘娣，2013. 民猪与皮特兰猪杂交猪肉质研究 [J]. 安徽农业科学，41（23）：9624，9683.

侯万文，蒋淼，孙月，等，2015. 不同种群及饲喂方式对肥育猪肌内脂肪含量的影响研究 [J]. 养猪（3）：45-48.

胡殿金，杜瑞文，王景顺，1983. 东北民猪抗寒耐热力的观测 [J]. 黑龙江畜牧兽医（4）：1-4.

胡殿金，关湛铭，赵刚，等，1991. 东北民猪、长白猪和杂种生长肥育猪肉质的特点 [J]. 黑龙江畜牧兽医（5）：16-17.

胡殿全，赵刚，蔡玉环，等，1991. 长白猪和东北民猪正反交一代杂种猪肥育性能的研究 [J]. 黑龙江畜牧兽医（12）：20-21.

黄明，王伟丰，顾国林，2003. 提高二元母猪受胎率的技术措施 [J]. 上海畜牧兽医通讯（4）：29.

黄宣凯，王家辉，高圣玥，等，2016. 民猪与其杂交猪育肥性能差异的研究［J］. 现代畜牧科技，9（21）：11，13.

金鑫，刘庆雨，李娜，等，2017. 吉林民猪保种选育报告［J］. 猪业科学，34（8）：132-134.

李忠秋，刘春龙，刘娣，等，2019. 民猪和大白猪不同肌球蛋白重链表达差异［J］. 黑龙江畜牧兽医（13）：49-51，57.

刘娣，何鑫淼，2014. 黑龙江省生猪产业现状及发展建议［J］. 猪业科学（5）：122-123.

刘娣，2013. 民猪的种质资源研究进展和开发利用的经验［J］. 中国猪业，8（S1）：66-68.

刘显军，陈静，武常胜，等. 2010. 荷包猪种质特性研究［J］. 遗传育种，46（3）：10-12.

陆超，郝林琳，程云云，等，2016. 东北民猪线粒体 DNA-D-loop 遗传多样性与母系起源研究［J］. 中国兽医学报，36（4）：675-678.

吕耀忠，闻殿英，刘伟，等，1996. 东北民猪生长发育各阶段胴体性状的测定［J］. 黑龙江畜牧兽医（9）：12-13.

苗志国，郭丽萍，魏攀鹏，等，2018. 南阳黑猪与长白猪肉品质的差异性研究［J］. 黑龙江畜牧兽医（16）：53-56.

彭福刚，孙金艳，李忠秋，等，2018. 低温环境下免疫应答对民猪血清激素水平的影响［J］. 黑龙江畜牧兽医（10）：50-52.

彭福刚，孙金艳，李忠秋，等，2019. 低温环境对民猪免疫应答的影响［J］. 黑龙江农业科学（3）：69-72.

秦春浦，1994. 中国地方猪研究进展及展望［J］. 中国畜牧兽医杂志，30（6）：48-49.

孙志茹，刘娣，2013. 东北地区养猪史与民猪的发展演化分析［J］. 农业考古（1）：235-238.

王楚端，陈清明，1995. 肉质性状的品种及性别效应［J］. 养猪（4）：30-31.

王楚端，陈清明，1996a. 长白猪、北京黑猪及东北民猪脂肪酸及氨基酸组成［J］. 中国畜牧杂志（6）：19-21.

王楚端，陈清明，1996b. 长白猪、北京黑猪及民猪肌肉组织学特性研究［J］. 中国畜牧杂志（4）：33-34.

王景顺，赵刚，1989. 东北民猪繁殖性能的研究［J］. 黑龙江畜牧兽医（4）：14-16.

王林云，2001. 优质猪肉生产和地方猪种利用［J］. 中国畜牧兽医杂志，33（5）：18.

王前，2003. 猪人工授精和繁殖疾患的防治［J］. 养猪（3）：16-18.

王文涛，何鑫淼，刘娣，等，2018. 巴民杂交猪肉品质的测定［J］. 黑龙江畜牧兽医（16）：71-72.

王文涛，2015. 低温环境下民猪血液生化指标的研究［J］. 黑龙江畜牧兽医（7）：14-16，23.

王希彪，郑兆利，王亚波，等，2007. 民猪品种资源的保护与利用［J］. 猪业科学（1）：90-91.

王亚波，潘洪有，李世东，等，1996. 东北民猪常见的几种疾病及其防治经验［J］. 黑龙江畜牧兽医（9）：34-35.

吴赛辉，2013. 皮特兰×民猪杂交猪与民猪的肉质比较研究［D］. 哈尔滨：中国农业科学院.

许振英，1989. 中国地方猪种种质特性［M］. 杭州：浙江科学技术出版社.

原久丽，张会文，朱振荣，等，2012. 浅谈民猪种质资源的保护及利用［J］. 中国畜禽种业，8（6）：42-43.

张冬杰，刘娣，何鑫淼，等，2018. 民猪全基因组序列测定与分析［J］. 东北农业大学学报，49（11）：9-17.

张晶晶，2018. 巴克夏猪及其杂交利用的研究［D］. 长春：吉林农业大学.

张胜，2011. 荷包猪及其杂交后代的生长和肉质测定［J］. 现代畜牧兽医（5）：20-21.

张树敏，李娜，李兆华，等，2010. 巴克夏、巴克夏×东北民猪及东北民猪肉质品质的对比研究［J］. 猪业科学，27（12）：104-105.

张微，魏国生，栾冬梅，等，2012. 不同比例民猪血统的生长肥育猪生产性能和胴体特性研究［J］. 东北农业大学学报，43（12）：10-15.

张永泰，2003. 中国地方猪种的肉质优势［J］. 养猪（2）：50.

赵刚，王景顺，1986. 以东北民猪为杂交母本提高商品猪胴体瘦肉率的研究报告［J］. 黑龙江畜牧兽医（11）：12-14.

赵刚，1989. 东北民猪研究［M］. 哈尔滨：黑龙江科学技术出版社.

赵刚，2010. 半个世纪东北民猪大发展［J］. 猪业科学，27（3）：114-116.

赵刚，2014. 东北民猪 50 年工作回顾［J］. 猪业科学，31（6）：126-128.

赵晓明，2003. 猪热应激与营养调控［J］. 猪世界（8）：36-37.

郑照利，王亚波，2006. 推荐两个抗病性强、产崽数多的地方种猪［J］. 农村百事通（11）：43-44，82.

周传臣，张文，2005. 东北民猪种质资源保护及开发利用［J］. 黑龙江动物繁殖，13（2）：19-20.

周传臣，2015. 民猪种质特性概述［J］. 当代畜禽养殖业（2）：16-17.

Ai H S，Fang X D，Yang B，et al.，2015. Adaptation and possible ancient interspecies introgression in pigs identified by whole-genome sequencing［J］. Nat Genet，47（3）：217-225.

Wang L G，Zhang L C，Yan H，et al.，2014. Genome-wide association studies identify the loci for 5 exterior traits in a Large White × Minzhu pig population［J］. PLoS ONE，9（8）：e103766.

附　　录

民猪饲养技术规范

（DB 22/T 2188—2014）

本标准按照 GB/T 1.1—2009 给出的规则起草。

本标准由吉林省畜牧业管理局提出并归口。

本标准起草单位：吉林大学、东北农业大学、黑龙江省农业科学院、兰西县种猪场、吉林农业大学。

本标准主要起草人：张晶、单安山、刘娣、王亚波、张嘉保、姜海龙、于浩、孙博兴、王大力、赵云、房恒通。

1　范围

本标准规定了民猪猪场建设、饲料和饮水、引种、饲养技术、卫生防疫、病死猪及废弃物处理，生产记录的技术要求。

本标准适用于民猪（二民猪）的饲养管理。

2　规范性引用文件

下列文件对于本文件的应用是必不可少的。凡是注日期的引用文件，仅所注日期的版本适用于本文件。凡是不注日期的引用文件，其最新版本（包括所有的修改单）适用于本文件。

GB 5749　生活饮用水卫生标准

GB 16548　病害动物和病害动物产品生物安全处理规程

GB 16567　种畜禽调运检疫技术规范

GB/T 17823　集约化猪场防疫基本要求

GB/T 17824.1　规模猪场建设

GB/T 17824.3　规模猪场环境参数及环境管理

GB 18596　畜禽养殖业污染物排放标准

GB 23238　种猪常温精液

NY/T 65—2004　猪饲养标准

NY 5032　无公害食品　畜禽饲料和饲料添加剂使用准则

DB 22/T 1875　工厂化猪场废弃物处理与利用技术规范

中华人民共和国农业部令　第 67 号《畜禽标识和养殖档案管理办法》

中华人民共和国农业部公告　第 1224 号《饲料添加剂安全使用规范》

3　术语和定义

下列术语和定义适用于本文件。

3.1　民猪

民猪，曾称东北民猪，属于华北型地方猪种，主要分布于东北地区。其中二民猪全身被毛黑色，毛密而长，猪鬃较多，冬季密生绒毛。皮肤厚而有褶，头中等大小、面直有纵行皱纹；耳大下垂，体躯扁平、四肢粗壮，后腿稍弯，多呈卧系。颈肩结合良好，胸深且发育良好，背腰平直狭窄，腹大下垂但不拖地，臀部倾斜，尾长下垂。有效乳头 7 对以上，乳腺发达，乳头排列整齐。民猪具有繁殖性能高、抗逆性强、肉质好、杂交效果显著等种质特性。

4　猪场建设

4.1　场址

场址选择、猪场布局、饲养工艺及相关配套设施等参照 GB/T 17824.1 的规定。

4.2　环境

场区环境和猪舍环境的相关参数和管理要求参照 GB/T 17824.3 的规定。

5　饲料和饮水

5.1　饲料原料和饲料添加剂

应符合 NY 5032 和农业部第 1224 号公告的规定。

5.2　饲料配制

根据民猪不同生理阶段及生产性能的营养需要配制饲料，饲料中养分含量按照 NY/T 65—2004 中 5 肉脂型猪营养指标执行。

5.3 青绿多汁饲料

后备母猪、繁殖母猪和公猪可以补饲青绿多汁饲料。青绿多汁饲料应洗净切碎后方可与饲料混合饲喂或直接饲喂。

5.4 饮水

场内水量充足，饮用水水质应达到 GB 5749 的要求；应定期检修供水设施，保障供水过程中无外源性污染。

6 引种

6.1 种猪合格判定

6.1.1 体型外貌符合本品种特征。

6.1.2 生长发育正常，无遗传疾患，健康状况良好。

6.1.3 来源及血缘清楚，三代内档案系谱记录齐全。

6.2 引种条件

6.2.1 符合种用价值要求，有种猪合格证和系谱证书。

6.2.2 耳号清楚可辨，档案准确齐全。

6.2.3 按 GB 16567 要求出具检疫证书和出具按国家规定进行了相关免疫的证明。

6.3 隔离

隔离区应建设在场外，隔离舍距离生产区不低于 1 000 m，隔离时间不低于 30 d。确认健康后方可合群饲养。

7 饲养技术

7.1 后备母猪

7.1.1 初配时间

后备母猪的初配适龄以 7 月龄以上、体重以 70 kg 以上为宜。

7.1.2 饲喂方式

后备母猪均为自由采食，直至转到妊娠母猪猪舍改为限饲。

7.2 繁殖母猪

7.2.1 空怀和妊娠母猪

7.2.1.1 根据季节、母猪体况适当调整饲料配方和饲喂量，空怀和妊娠前期母猪每日饲喂量 2.2～2.6 kg 配合饲料，妊娠后期母猪每日饲喂量2.7～

3.2 kg 配合饲料。

7.2.1.2　妊娠母猪宜小群饲养，合群运动，应减少生产和环境应激，圈舍应保持干燥卫生，适宜温度为 16～22 ℃。

7.2.2　分娩和哺乳母猪

7.2.2.1　饲养员做好接产、助产、记录和护理工作。

7.2.2.2　母猪分娩 12 h 内饲喂麦麸、食盐和温水调制的汤食。

7.2.2.3　母猪分娩后 3 d 内限量饲喂，每日饲喂量 1.5～2.0 kg，3 d 后自由采食。

7.3　仔猪

7.3.1　哺乳仔猪

7.3.1.1　哺乳

仔猪出生后随时放到母猪身边吃初乳。在仔猪生后 2 d 内应进行人工辅助固定乳头，坚持弱小仔猪放在前边乳头、体大强壮放在后边乳头的原则。

7.3.1.2　保温防压

适宜环境温度 30～32 ℃，配置有红外线灯或电热板等保暖设备的保育箱，预防腹泻；使用在母猪身体两侧设护栏的分娩栏，防止仔猪被压伤、压死。

7.3.1.3　补铁补硒

给仔猪肌内注射铁制剂、补硒剂。

7.3.1.4　剪齿

仔猪出生后第 1 天剪犬齿。

7.3.1.5　寄养

母猪产仔过多或无力哺乳仔猪，应将多余仔猪寄养到迟 1～2 d 分娩的母猪。

7.3.1.6　开食补水

仔猪 7 日龄开食，采取自由采食和诱食相结合的方法，同时注意补水。

7.3.2　断奶仔猪

7.3.2.1　35 日龄断奶。

7.3.2.2　自由采食，降低换料应激。一般在断奶后逐渐换料。

7.3.2.3　转群。按窝转群，每栏饲养 1～2 窝仔猪；也可以不按窝转群，把同一天断奶的仔猪，按体重、公母和强弱分群。

7.3.2.4　预防腹泻，保持饲料、饲槽和圈舍卫生。

7.4　育肥猪

7.4.1　饲喂方式

采用自由采食。

7.4.2　分群

采取“留弱不留强，拆多不拆少，夜并昼不并”的办法分群，除考虑性别外，应把来源、体重、体质、性情和采食习性等方面相近的猪合群饲养。

7.4.3　调教

防止强夺弱食，应备有足够的饲槽，对霸槽争食的猪要勤赶、勤教；训练猪养成采食、睡觉、排泄地点固定的习惯。

7.5　种公猪

7.5.1　饲料和饮水

饲料按照 NY/T 65—2004 中 5 肉脂型猪的营养需要配制，应以精料为主，宜采用生干料或湿料，加喂适量的青绿多汁饲料，供给充足清洁饮水：饲粮饲喂量根据季节、体况、精液品质及配种次数适当调整。

7.5.2　饲养方式

采用单圈饲养。

7.5.3　初配时间

初配年龄以 9 月龄以上、体重 100 kg 以上为宜。

7.5.4　公猪利用

每周采精次数不高于 5 次；青年公猪每 2～3 d 配种 1 次；2 周岁以上的成年公猪 1 d 配种 1 次为宜，连续配种每周休息 1 d。种公猪精液检查按 GB 23238执行。人工授精站的种猪每天检查精液品质 1 次，自然交配的公猪每周检查 1 次。

7.5.5　运动

每天上午、下午各驱赶运动 1 次，时间共计以 1～2 h 为宜。

8　卫生防疫

猪场卫生防疫应符合 GB/T 17823 的规定。

9　病死猪及废弃物处理

9.1　病死猪及其污染物应按照 GB 16548 的规定进行生物安全处理。

9.2 废弃物处理按照 DB 22/T 1875 的规定执行。

9.3 猪场污染物排放标准应按照 GB 18596 的规定执行。

10 生产记录

按照中华人民共和国农业部令第 67 号要求建立民猪各项生产记录，建立健全档案管理制度。记录资料包括：

a）出入记录；

b）卫生防疫与保健记录；

c）饲料兽药使用记录；

d）育种与繁殖记录；

e）兽医记录、生产记录。

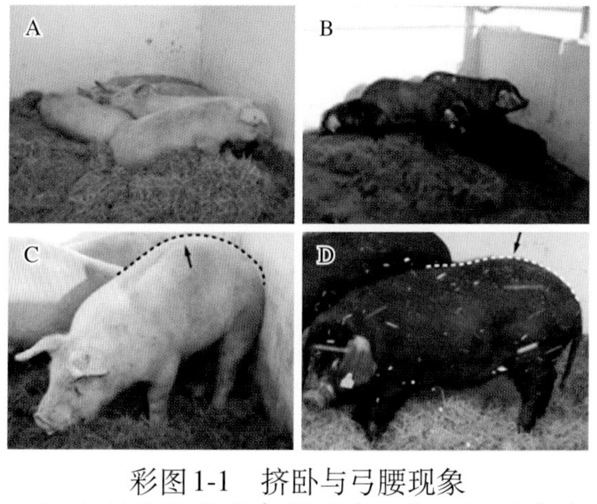

彩图1-1　挤卧与弓腰现象

A.大约克夏猪全部挤卧在一起；B.民猪有的站立，有的挤卧；C.大约克夏猪弓腰（箭头所示）；D.民猪弓腰（箭头所示）

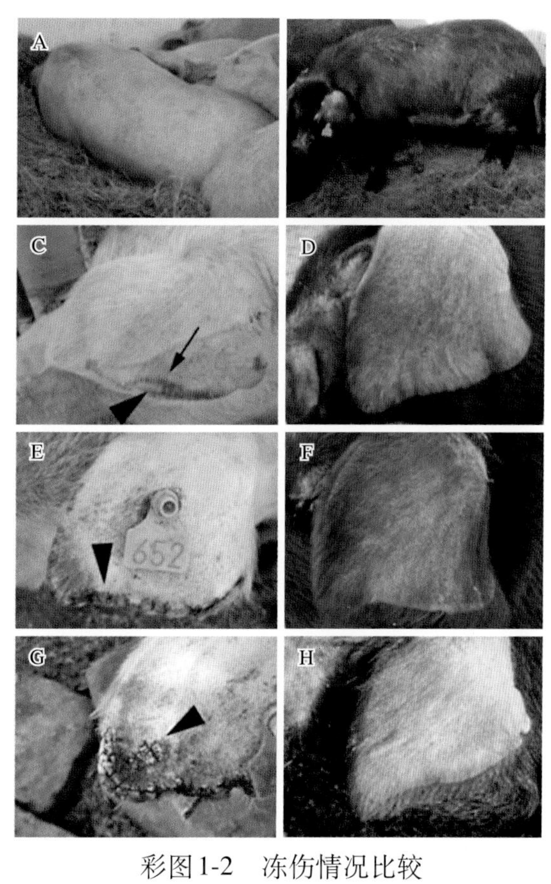

彩图1-2　冻伤情况比较

A.进入冷舍48h后，80～90kg体重大约克夏猪的皮肤冻红；B.进入冷舍48h后，80～90kg体重民猪的皮肤没有冻红；C.进入冷舍48h后，80～90kg体重大约克夏猪的耳组织边缘冻红（黑箭头）、冻黑（黑三角）；D.进入冷舍48h后，80～90kg体重民猪的耳组织没有边缘冻红、冻黑；E.进入冷舍23d后，80～90kg体重大约克夏猪的耳组织边缘冻裂；F.进入冷舍23d后，80～90kg体重民猪的耳组织没有冻裂；G.进入冷舍15d后，5月龄大约克夏猪的耳组织冻裂；H.进入冷舍15d后，5月龄民猪的耳组织没有冻裂

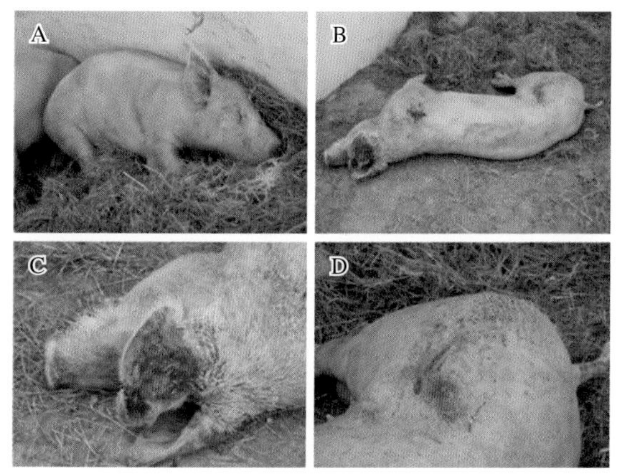

彩图1-3　大约克夏猪冻死情况

A.进入冷舍48h后，1头80kg体重大约克夏猪已濒临死亡状态；B.进入冷舍48h后，1头80kg体重大约克夏猪已经冻死；C.冻死的大约克夏猪的耳组织严重冻伤；D.严重冻伤的大约克夏猪尸体

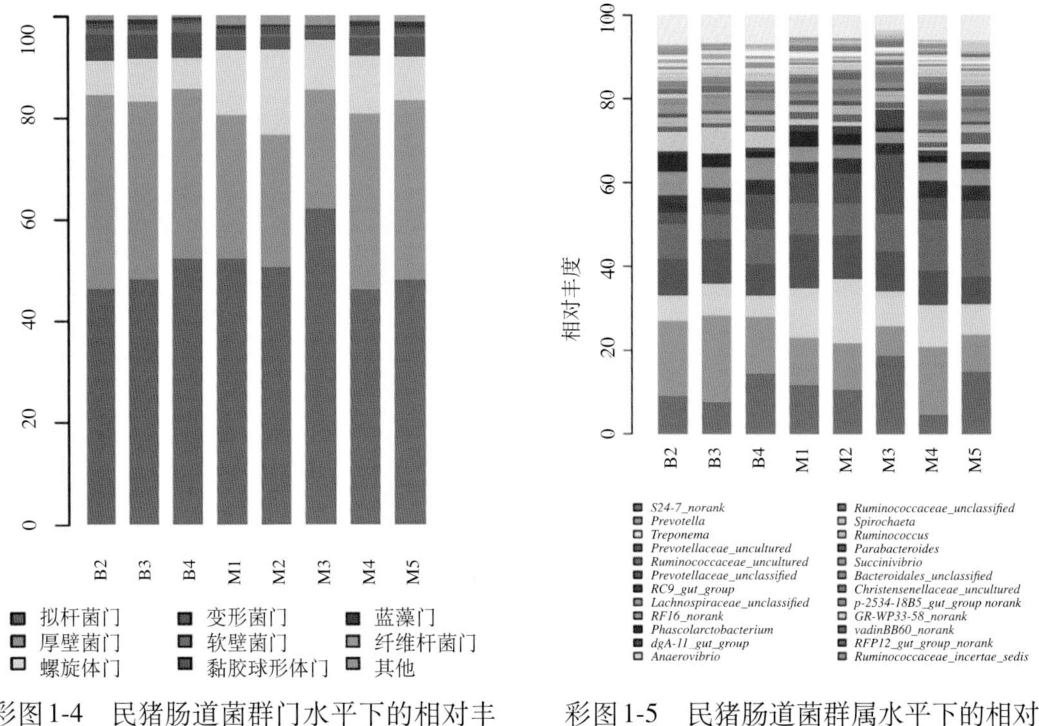

彩图1-4　民猪肠道菌群门水平下的相对丰度分析结果

彩图1-5　民猪肠道菌群属水平下的相对丰度分析结果

彩图1-6　民猪前肩切块

A、B. 前肩切块；C、D. 雪花梅肉

彩图1-7　民猪眼肌大排切块

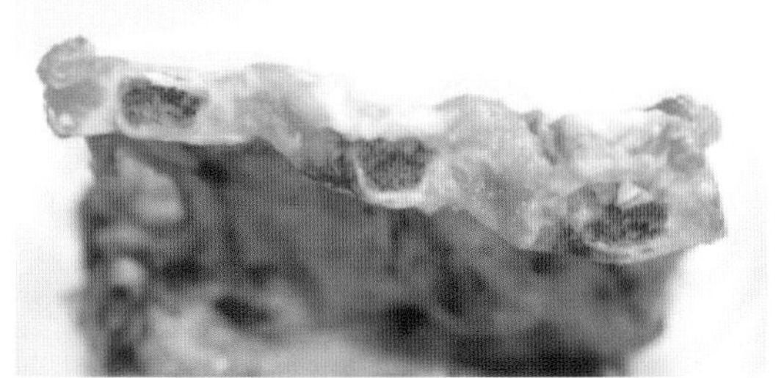

彩图1-8　民猪小排切块

彩图1-9　民猪五花肉切块

彩图1-10　民猪股四头肌切块

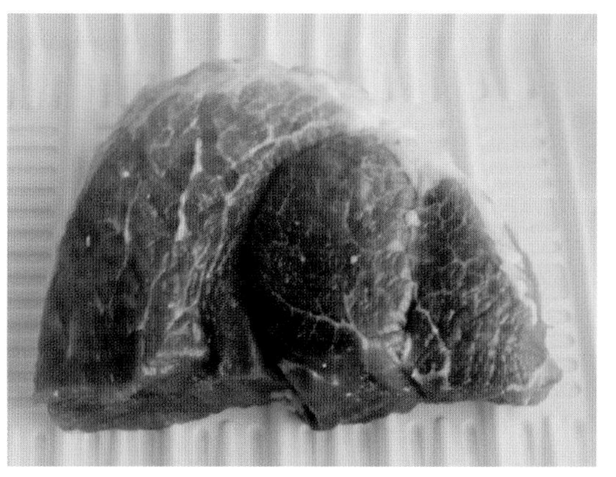
彩图1-11　民猪股二头肌切块

彩图1-12　民猪尾切块

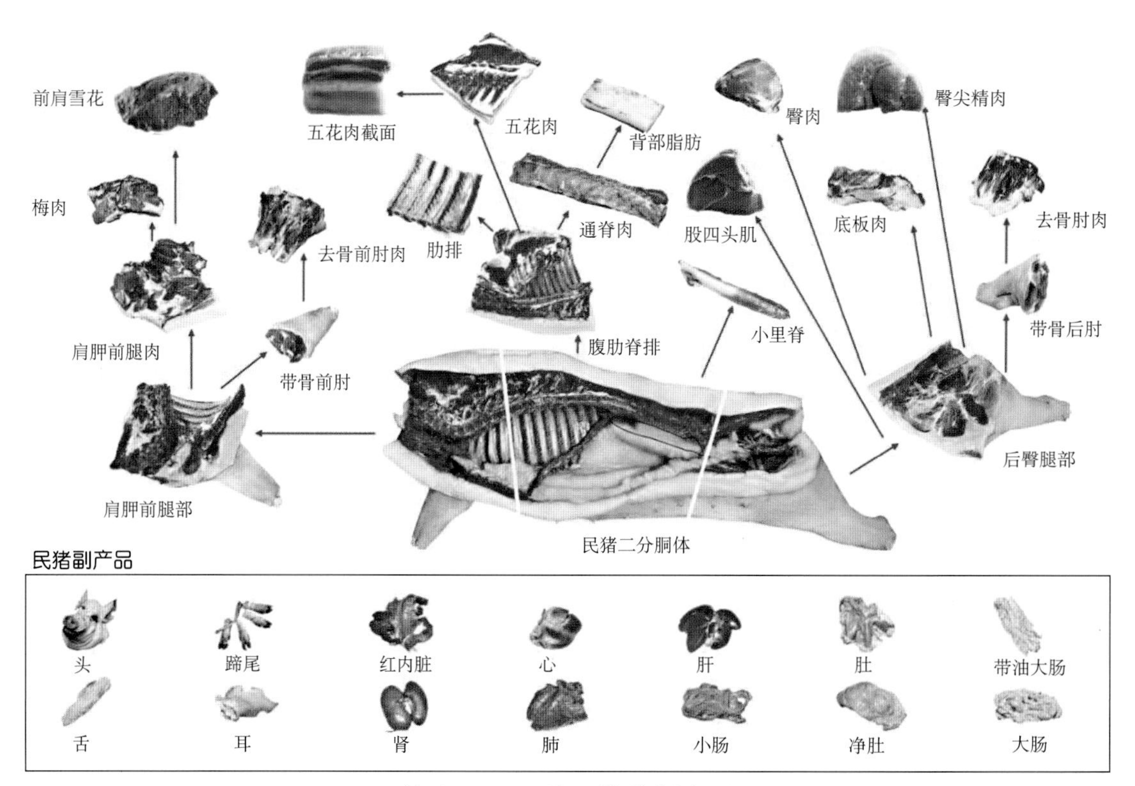

彩图7-1　民猪胴体分割产品